知られざるステルスの技術

現代の航空戦で勝敗の鍵を握る不可視化テクノロジーの秘密

青木謙知

SB Creative

著者プロフィール

青木謙知（あおき よしとも）

1954年12月、北海道札幌市生まれ。1977年3月、立教大学社会学部卒業。1984年1月、月刊『航空ジャーナル』編集長。1988年6月、フリーの航空・軍事ジャーナリストとなる。航空専門誌などへの寄稿だけでなく新聞、週刊誌、通信社などにも航空・軍事問題に関するコメントを寄せている。著書は『F-4 ファントムIIの科学』『F-15J の科学』『F-2の科学』『徹底検証! V-22オスプレイ』『ユーロファイター タイフーンの実力に迫る』『第5世代戦闘機 F-35の凄さに迫る!』『自衛隊戦闘機はどれだけ強いのか?』『F-22はなぜ最強といわれるのか』（サイエンス・アイ新書）など多数。日本テレビ客員解説員。

本文デザイン・アートディレクション：近藤久博（近藤企画）
イラスト：近藤久博（近藤企画）
校正：曽根信寿

はじめに

2016年1月28日、防衛装備庁が愛知県で先進技術実証機を報道公開し、合わせてこの日に「X-2」の名称が付与されたことを発表しました。この航空機の目的は、将来の戦闘機が必要とすると考えられる先進技術について、実際に飛行して研究・評価することです。海外では、こうしたフライト・テクノロジー・デモンストレーターを製造して、各種技術を研究・開発することは珍しくありませんし、日本でも過去にいくつかの機種がありました。しかし、戦闘機技術に関する機種はこれが初めてで、場合によっては**将来の独自戦闘機開発につながる可能性もある**として、大きな注目を集めています。

X-2で検証される技術の中でも高い関心が持たれているのは、レーダーに対するステルス性です。1980年8月22日にアメリカ政府が「発達技術爆撃機」計画を進めていることを明らかにし、その中で「レーダーに捉えられないステルス技術を使用」と説明したときから、ステルス技術とはどんなものなのか、その技術を使った航空機はどんな形になるのかなど、多くの謎が生まれることになりました。また本当にさまざまな憶測がなされました。欧米の航空専門誌はもちろん、ステルスについて取り上げた書籍も多数刊行され、多数の「これがステルス機だ！」といった想像図も掲載されていました。中には突拍子もないものもありましたが、「もしかしたら……」と思わせる形状をしたものもありました。

そうした憶測にひと区切り付いた年が、1988年でした。まず4月21日にアメリカ国防総省が発達技術爆撃機の公式想像図を発表し、それが**全翼機**であることを明らかにしました。さらに12月10日には、これまでその存在について ノー・コメントを貫いていたステルス戦闘機についても、1枚の写真とともにその存在を公式に認めました。この写真は不鮮明でしたが、機体が複数の平面で構成されていることははっきりとわかり、**機体に当たったレーダー電波をさまざまな方向に拡散させるのがステルス技術の１つ**だという認識がなされるようになったのです。

一方でこのステルス戦闘機については、別の謎が発生しました。アメリカ国防総省が写真公表に合わせて、「制式名称はF-117である」としたのです。それまでステルス戦闘機の存在を信じて疑わなかった世界中の航空専門誌は、「ステルス戦闘機はF/A-18ホーネットに続くものだからF-19だ」とほぼ断定していましたから、「117」という数字がどこから出てきたものなのか右往左往してしまいました。「19を分解すると1＋1＋17になり、そこから数学記号を外して続ければ117になる」(本当は1117ですが)とした、こじつけのような珍説もありました。また「アメリカが捕獲した旧ソ連戦闘機にF-112〜116が割り当てられ、それに合わせることでカムフラージュできるのでF-117を用いた」という説もありますが、これも信憑性はないというのが一般の認識です。

アメリカ空軍も当然、F-19とすることを考えていました。ところが、この航空機が、ネバダ州の砂漠上空にある秘密の飛行試験空域で飛行試験している際に使っていた「117」という無線のコールサイン（呼び出し符号）が、パイロットや関係者の間に浸透していたことから、メーカーのロッキードは、最初に作成したフライト・マニュアルの表紙に、単に「117」とだけ書いていました。通常、ここには機種名が表記されるので、それが「117」だったことから、アメリカ空軍がこの機種の制式名称をF-117にした、という説が有力視されています。

F-117の名称はさておき、ステルス技術は、研究各国でトップ・シークレットの扱いなので、それに関する情報も極めて限られています。しかし、戦闘機が発展の過程でジェット機であることがあたり前になり、超音速飛行能力やレーダーの搭載が常識化してきたように、ステルス性も将来の戦闘機に必須の能力となることは間違いありません。ステルス性だけでなく、そのための技術研究に用いられるX-2の存在意義は極めて高いのです。

最後になりましたが、本書の執筆にあたっては、科学書籍編集部の石井顕一氏にさまざまなアドバイスをいただきました。この場をお借りして、お礼申し上げます。

2016年11月　青木謙知

知られざるステルスの技術

現代の航空戦で勝敗の鍵を握る不可視化テクノロジーの秘密

CONTENTS

サイエンス・アイ新書

CONTENTS

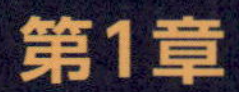

第1章

先進技術実証機「三菱X-2」とは?

国産ステルス実証機「三菱X-2」と、
防衛省による将来戦闘機像を解説します。

1-1 三菱X-2とは？

純国産戦闘機の開発準備をスタート

2016年1月28日に報道公開されて、4月22日に三菱重工業小牧南工場で初飛行した三菱X-2は、先進技術実証機と呼ばれる種類の航空機です。先進技術実証機は、これからの戦闘機に必要となる技術の開発と実用化のために、実際に飛行して調査・研究する目的で製造されました。事業の主体は防衛省の防衛装備庁で、機体の実際の製造は三菱重工業に発注されました。

X-2で確立を目指している技術には次のものがあります。

- **ステルス性**：日本独自の素材などを適用し、ステルス有人機として機体、エンジン、搭載電子機器などを統合化する技術を獲得。
- **高運動性**：エンジンの推力偏向機構を搭載し、機体とエンジ

2016年1月28日の報道公開に合わせて防衛装備庁が公開したX-2の写真の1つ。製造された三菱重工業小牧南工場で撮影されたもので、前脚扉には薄いフィルム状のカバーが付けられている

写真提供：防衛装備庁

ンの一体的な制御による高運動性を獲得。

- **システム・インテグレーション**：F-2戦闘機の開発で培った戦闘機の統合化技術を次世代へ継承・発展。
- **国産戦闘機用エンジン**：戦闘機用として国内開発したアフターバーナー付きエンジンを飛行可能なレベルに熟成。

これらの詳細については次項以降で記しますが、これらの中では、まずエンジン関連の開発が先行して行われ、平成7（1995）年度に実証エンジンの試作に着手しました。平成9（1997）年度には、飛行可能なレベルまでの推力を出せることや、各種の機能を地上の試験スタンドで確認する予備定格試験を開始して、平成20（2008）年に終了しています。また、その間の平成12（2000）年度には高運動飛行操縦装置（FLCS※）の研究が着手されて、第一次として推力偏向パドルの研究が行われました。高運動FLCS研究は六次に分けて進められ、平成19（2007）年度まで続けられました。

2016年4月22日の初飛行におけるX-2。この初飛行は、旧来のスタイルである脚下げ状態を維持して行われ、航空自衛隊小牧基地（県営名古屋空港）を離陸して岐阜基地に着陸した
写真提供：防衛装備庁

※ FLCS：FLight Control System

1-2 「X」の意味

アメリカ軍に準じて研究機を示す

防衛装備庁は2016年1月28日の報道公開に合わせて、先進技術実証機の型式をX-2と制定したことを発表しました。

自衛隊の装備航空機の制式名称は、基本的にアメリカ軍の付与方式に準じていて、多くの航空機がアメリカ軍の制式名称をそのまま使用しています。

ときには日本の独自開発機や、アメリカ軍にはない機種の導入なども行われていますが、原則としてはアルファベットによる任務記号と数字による導入順を組み合わせて、細かなサブタイプを数字の後のアルファベットで示しています。また、混乱を避けるため、アメリカ軍でも使用している機種については、アメリカ軍機と同じ数字を基本的に用いています。

アメリカの研究機ベルX-2。ベルX-1に続くロケット推進の高速研究機で、X-1が直線翼だったのに対し、X-2は後退翼を装備してマッハ2〜3の完全な超音速飛行を目指し、最大速度マッハ3.196を記録した
写真提供：アメリカ空軍

アルファベットの「X」は、アメリカ軍では**研究機（Reseach）を示す任務記号**として1948年に制定され、1968年の呼称統一法でも継続して使用することになったものです。近年では、統合打撃戦闘機（JSF※）計画の技術デモンストレーターの競争試作でボーイングの機体にX-32が、ロッキードの機体にX-35が付けられています。この計画はロッキードが勝利して、ロッキード・マーチンF-35ライトニングⅡとして実用化されています。

アメリカにもX-2の制式名称を持つ航空機がありました。ベルが製造したロケット推進の研究機で、1955年11月18日にB-50爆撃機から切り離され、ロケット動力での初飛行に成功しています。このX-2は2機つくられて、滑空も含めて20回の飛行後、1956年9月27日に退役しています。こうしてアメリカ軍からX-2がいなくなって混乱の恐れがなくなったため、防衛装備庁も安心してX-2と命名することができました。

初飛行で小牧基地（県営名古屋空港）を離陸するX-2。この飛行では基本的な特性の確認が行われ、特段の問題は発生せずに、26分で終了した

写真提供：赤塚 聡

※ JSF：Joint Strike Fighter

1-3 X-2の端緒 ATD-X「心神」

将来戦闘機のステルス性能を調査

防衛省が先進技術実証機のプロジェクトを明らかにしたのは2006年5月で、技術研究本部（現・防衛装備庁）のウェブサイトに実物大のレーダー反射断面積試験用の模型写真を掲載したときでした。ATD-Xと名付けられたこの研究機は、後に「心神」の愛称でも呼ばれるようになりました。ATD-XのATDは、Advanced Technology Demonstratorの略で、そのまま新技術実証機の意味であり、最後のXはX-2と同様の研究機を示しています。

この模型は外形形状や空気取り入れ口ダクト、機体パネル間の継ぎ目などの細部形状などを実機どおりに模擬した実物大の模型で、実際に電波反射特性データを取得して、ステルス設計に資する各種の技術資料を取得することが製造の目的でした。ステルス性の調査は、当初はアメリカで作業を行う計画でしたが、施設を借りることができなかったため、公表前の2005年にフランスの電波暗室を使ってレーダー反射断面積の評価試験を受けました。その結果は「上々だった」とされています。

また、高運動FLCS研究の第五次作業では、1/5縮尺の無人飛行モデルを製造して飛行試験作業も実施しました。このスケール・モデルによる飛行は2006年春に開始され、2007年11月までの間に40回の飛行を行って、先進エアデータ・センサー機能の成立性や、失速遷移領域近傍における空力特性などに関する技術資料の収集を行っています。このほかにもアイアンバード（鉄の鳥）と呼ばれる操縦システムと油圧系統の試験装置を使っての各種開発作業や、実物大構造試験機（＃01試験機）による強度確認試験などを経て、平成21（2009）年度に実機の製造に着手し、本開発が始まりました。

ATD-Xの実物大模型。「心神」と呼ばれていた当時のもの。ステルス性を強調するためか、黒く塗られていた。広角レンズを使った撮影なので、実際よりもかなり細長く見えている

写真提供：防衛省

真後ろから見たX-2。全体的にバランスのとれた形状だが、実用機よりも小型の設計のため、どうしても垂直安定板が大きくなり、このアングルでもそれがわかる　写真提供：赤塚 聡

1-4 X-2での研究技術① ステルス技術

レーダー反射断面積を小さくする3つの技術

X-2による技術実証項目で最も注目され、また重要と考えられるのがステルス技術であることは論を待ちません。ステルス技術の詳細については第2章で記しますが、X-2が目的としているのは、レーダーに対して高いステルス性を持たせることです。これはレーダー照射により生じる機体からの反射波が発信源に戻らないようにし、その結果としてレーダー反射断面積(RCS[※1])が小さくなるようにすることが基本になります。

これを実現するために、X-2では次の3つの技術が用いられています。

① **エッジ・マネージメント技術**：主翼後退角など機体各部に生じる角度を特定の角度に整合（同一化）することで、RCSが大きくなる方向を局限する。

② **キャノピー・コーティング**：コクピットを覆うキャノピーに特殊なコーティングを施すことで、外部からコクピットへのレーダー波入射を局限し、コクピット内でのレーダー波の乱反射によるRCSの増大を抑制する。

③ **曲がりダクト**：エンジン前方の空気取り入れ口からエンジンにつながるダクトを曲げることにより、エンジン前面にレーダー波を届きにくくして、そこからの電波反射を抑制する。

これらはこれまでのステルス機にも用いられていた技術ですが、例えばF-117やF-22ではキャノピー・コーティングに金のフィルムが使われていて透過度が低くなっていました。しかし、F-35では透明になり、X-2も透明なので、同レベルのより新し

※1 RCS：Radar Cross Section

い技術が使われていると考えられます。曲がりダクトは、F-22、F-35にも用いられている技術です。

RCSを計測・確認するために電波暗室に入れられたX-2の実物大RCS試験模型
写真提供：防衛装備庁

高いステルス性を確保するため、X-2では主脚扉や一部のパネルに、特定の角度だけを組み合わせたギザギザ状の縁が用いられている。また、各パネルの密着度も極めて高くされている
写真：青木謙知

速度を落とすか、RCSを減らすか

X-2の空気取り入れ口の配置や開口部などはF-22に似ています。開口部は菱形で、胴体との間には境界層空気流を逃すダイバーターと呼ばれる隙間が設けられています。これは超音速飛行時に発生してしまう衝撃波による、エンジンに向かう空気流への悪影響をなくすためのもので、乱れた空気をエンジンが吸い込むことで、異常運転などが生じるのを避けるのが目的です。加えて、取り入れ口に可変システムを組み合わせると、より高速で飛行でき、F-15のマッハ2.5やF-22のマッハ2.25などという高速の最大水平飛行性能が得られます。

一方、胴体との間の隙間は、新たなレーダー反射源となってRCSを大きくしてしまいます。そこで生み出されたのが、開口部の胴体側に膨らみを設けて隙間などをつくらないダイバーターレス超音速取り入れ口（DSI※2）です。ロッキード・マーチンが開発し、F-16で試験を実施して、F-16の性能や飛行特性などに問題が生じなかったことからX-35にも適用し、　そのままF-35でも使用しています。DSIは簡素な固定式の取り入れ口なので、最大飛行速度をマッハ1.6程度にしかできませんが、RCSを大幅に低減できます。中国もこの技術に目を付けて、殲撃10型（J-10）で試験を実施した後、中国のステルス戦闘機といわれる殲撃20型（J-20）と殲撃31型（J-31）（第5章参照）にDSIを使用しています。

X-2については高速性をどの程度重視したのか不明ですが、空気取り入れ口だけを見ると、マッハ2以上の最大速度を視野に入れているように見えます。ただ、前記した機種のようなDSIではないので、そのぶんステルス性は低いかもしれません。

※2　DSI : Diverterless Supersonic Inlet

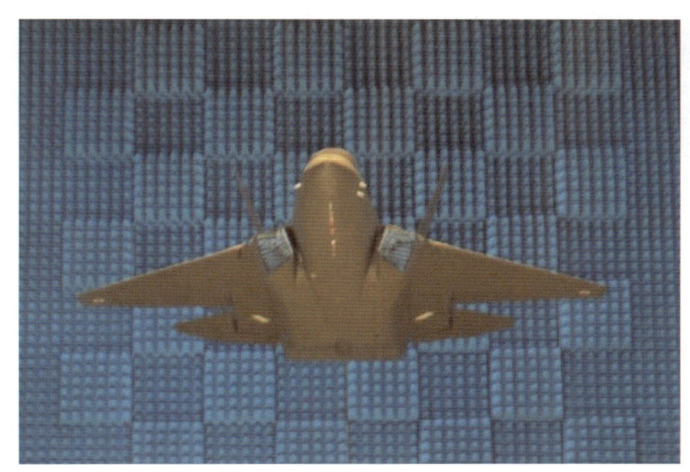

前方斜め下から見たX-2の実物大RCS計測モデル　　写真提供：防衛装備庁

X-2のキャノピーは、ステルス性能向上のためのコーティングが施されているが、F-16やF-22のように金色がかってはおらず、ほぼ透明である　　写真：青木謙知

1-5 X-2での研究技術②
高運動性

失速時も推力偏向パドルで機動可能に

X-2における高運動性を獲得するための鍵となる技術は次の3つとされています。

① **高迎え角空力設計**：機体が大きな迎え角をとった際にも、空力的に失速しない翼型の採用など。

② **エンジン排気口への推力偏向パドルの採用**：機体が大きな迎え角をとることによる主翼などの失速に備え、パドルにより推力方向を偏向させることで、失速時でも機体の機動を可能にする。

③ **機体推力統合技術**（**IFPC**※）：前記2つの技術をコンピューターにより適切に組み合わせることで、機体が大きな迎え角をとる際の最適な機動性を確保する技術。

エンジンの推力偏向については、技術や実用化の点では、ロシアが世界をリードしています。スホーイSu-27"フランカー"とその派生発展型などで、排気口をさまざまな方向に向ける三次元式と呼ばれる排気口を実用化し、それが戦闘機の運動性向上に貢献していることを実証しています。また、開発中のスホーイT-50や、ミグの新戦闘機MiG-35"フルクラムF"も、同様の三次元式排気口を装備しています。

これらに対してアメリカでは、実用戦闘機でこの装置を装備しているのはロッキード・マーチンF-22だけで、しかも上下方向に動くだけの二次元式の推力偏向システムです。ただ、以前はX-2と同様のパドルによる偏向システムを用いた機種がありました。ロックウェルが開発した運動性強化研究機X-31がそれ

※ IFPC：Integrated Flight Propulsion Control

で、エンジン排気口に3枚のパドルを有して、それにより三次元方向の推力偏向を可能にしていました。

後方から見たX-2。エンジン排気口の推力偏向パドルにはカバーが掛かっているが、これらによりジェット排気の向きを三次元で変えて、高い運動性を得ることもX-2の研究目的の1つである

写真提供：防衛装備庁

カバーが外された推力偏向パドル。高温のジェット排気にさらされる部位なので、おそらくはチタン合金製であろう。最後部の縁は主脚扉などの縁と同様の仕上げになっている

写真：青木謙知

1-6 X-2での研究技術 ③ システム・インテグレーション

F-2の経験が途絶える前に

システム・インテグレーションとは、これまでに記してきたステルス性や高運動性などといった個別の技術ではなく、それらの技術を使って1つの製品（X-2の場合は戦闘機が目標）にまとめることです。このまとめ上げる技術の確保も、大きな課題になっています。今日、特に戦闘機のような軍用の主力作戦機では、多くの革新的で、また高度技術が開発・実用化されていますが、それら個別の技術も重要ではあるものの、その真価を発揮するには、それらが一体となり、融合されている必要があるとされています。それを可能にするのがシステム・インテグレーション技術で、将来戦闘機にはこれも不可欠な技術要素なのです。

日本における戦闘機のシステム・インテグレーションは、F-16に独自の改修を加えたF-2の開発に際しても行われましたが、F-2の開発からすでに15年以上が経過していて、何も行わなければ戦闘機のシステム・インテグレーションの経験がここで途絶えることになってしまいます。また、その技術的レベルや内容も大きく変わっていますから、より新しい

システム・インテグレーション技術を獲得する必要があります。

こうした技術の継承と新しいものへの対応に加えて、X-2では日本独自の素材を活用したステルス機体フレームをベースに、エンジン、電子機器などを統合化していくことになっています。防衛装備庁は「ステルス性を有する有人機を飛行させているのはアメリカなどごくわずかな国（国際的に認知されているのはアメリカ、ロシア、中国の3カ国）だけで、X-2により日本もそれに加わることになる」としています。

2016年5月18日の2回目のフライトで、航空自衛隊岐阜基地を離陸するX-2。エンジン排気口に付けられている推力偏向装置のパドルがすべて完全に開いており、エンジンのアフターバーナーも点火されている。主脚の引き込みは、脚柱を折り畳んで胴体内部に引き込む方式であることがわかる

写真提供：赤塚 聡

1-7 XF5エンジンと操縦システム

エンジン1基あたり3枚の推力偏向パドル

X-2が搭載するエンジンはXF5-1と名付けられたアフターバーナー付きターボファン・エンジンです。防衛省から作業契約を得た石川島播磨重工業（現・IHI）が、実証エンジンの研究を経て開発しました。

このエンジンの詳細については発表されていませんが、通常の2軸式ターボファンで、3段のファンに続いて6段の軸流圧縮機があります。3段のファンが低圧圧縮機として、続く6段が高圧圧縮機として機能して流入空気を圧縮し、アニュラー型の燃焼器で燃焼を行った後、排気により高圧と低圧各1段のタービンを回転させる構造となっています。

エンジンは直径0.62m、全長3.07m、乾重量644kgで、アフターバーナー使用時の最大推力は5トン（49.1kN）級とされています。1-5でも記しましたが、排気口部には高運動性を実現するための推力偏向パドルがエンジン1基あたり3枚付いています。

もちろんX-2には通常の一次飛行操縦翼面も備わっていて、主翼後縁にはロール操縦時の補助翼と、離着陸時の揚力を増強するフラップの両機能を兼ね備えたフラッペロンがあり、垂直安定板後部にはヨー操縦用の方向舵があります。

ピッチ操縦は基本的に全遊動式の水平安定板で行われ、これらは操縦桿とペダルにより操作されます。推力偏向パドルの動きはフライ・バイ・ワイヤ飛行操縦装置の飛行制御則に組み込まれており、飛行操縦コンピューターがパイロットの操縦意図を判断して作動指令信号を送ります。

国内開発初のアフターバーナー付きターボファン・エンジンであるIHI XF5のアフターバーナー燃焼試験
写真提供：防衛省

先進技術実証機全機地上試験において、屋内のエンジン試験チャンバーでXF5エンジンの推力を試験中のX-2。排気口の推力偏向パドルは3枚とも全開状態である。このパドルは油圧装置で作動する
写真提供：防衛装備庁

1-8 X-2のコクピット

操縦桿の位置は不明

X-2のコクピットは、ほぼ正方形をしたカラー液晶表示2基をメインにしたグラス・コクピットで、主計器盤の上にはヘッド・アップ・ディスプレー（HUD※）があります。HUDの中央に立つ黒いものは、HUD画像を記録するカメラです。

2基の表示装置はHUD下の計器盤中央と、その右脇にあり、公表されている写真では両画面とも上下に分割されています。表示の必要性の観点から、これ以上の細かな分割は不要と思われ、これが標準的な表示スタイルでしょう。

中央のものは、上に速度や高度、姿勢などの基本情報を統合表示する一次飛行表示画面が、下に飛行方位などを示す水平状況指示表示が映し出されています。これらの表示フォーマットは、ごく一般的なものと言えますが、試験用の特別な表示ができるとも考えられています。右脇の画面では上にエンジン関連の情報が、下に操縦翼面や機動情報などが表示されています。

両表示装置とも、左右と下側にグレーのスイッチ・ボタンが並んでいて、これにより表示内容の切り替えなどを行います。中央画面の左側には、各種のシステム（おそらく試験用装備も含む）の操作パネルが配置されています。

HUDの下には通信装置の状況を示す単色の表示パネルがあり、その下にグレーのキーによる操作パネルがあります。それらの両脇は、注意・警報灯群のパネルです。

X-2はレーダーや赤外線/レーザーなどのセンサーを一切装備していないので、表示装置にはそれらの画像を映し出す機能は

※ HUD：Head Up Display

X-2のコクピット。カラー液晶表示装置を使ったグラス・コクピットで、正面計器盤上にはHUDがある。縦に並んだ中央右脇の画面にはシステムと試験関連の情報が表示されていて、左脇には試験関連の操作パネルが配置されている　写真提供：防衛装備庁

備えていません。また、兵器はもちろん機外には何も搭載しないので、それらの操作パネルもありません。

操縦桿は公表された写真に写っていないので、どのような配置か不明ですが、F-2もこれから航空自衛隊で装備が進むF-35も、いわゆるサイド・スティック操縦桿（操縦桿をパイロットの正面中央ではなく右脇に配置するスタイル）なので、X-2がそうなっていてもおかしくはないでしょう。

1-9 実機飛行前の試験

飛行前の各種試験は多岐にわたる

X-2は2016年4月22日に初飛行して実証試験作業を開始しましたが、**飛行に至るまでに多くの試験も消化**しています。先に記した縮尺模型による飛行試験や、実物大のRCS模型による電波暗室での作業、実物大構造試験機による静強度試験などがそれで、いずれも飛行作業前に実施しておく必要がありました。

地上試験機は通常、疲労強度試験機もつくられますが、これは長期にわたる使用が考えられる実用機の開発において製造されるもので、X-2のような特定の試験に比較的短期間だけ使われるような航空機では、その間に疲労に起因する問題は発生しないと考えられるため、製造しません。飛行前に実施された前記以外の試験をリストアップすると、各種系統を作動させてその作動状況や機能が正常であることを確認するシステム試験、電子系統とパイロットと機体のインターフェイス（PVI※）試験、落雷への耐性を確認する耐雷試験、油圧系統試験などがあります。

エンジンについては、個別にエンジンだけでの運転試験と、実際に機体に搭載した状態での試験が入念に行われました。どちらの試験でも、もちろんアフターバーナー推力での試験も行われており、推進システムに問題はないことが確認されています。機体に搭載しての試験では、推力偏向パドルの作動試験と、それによるジェット排気の向きの変化なども確認されました。これらを終えて飛行準備が整った後、タキシング試験、模擬離陸を経て**初飛行**したのですが、「平成27（2015）年度末（2016年3月31日）以前」という目標からは少し遅れての初飛行になりました。

※ PVI：Pilot Vehicle Interface

X-2の開発作業の1つとして、無線操縦の縮尺機による飛行試験が実施された。目的は、先進のエアデータ・センサーが予定どおりに機能するかや、失速遷移域付近における空力特性などに関する技術資料を収集することにあった
写真提供：防衛装備庁

実物大構造試験機（＃01試験機）による試験作業のようす。この試験でX-2の設計が所要の構造強度を有していることが確認され、試験作業を2016年1月に終了した
写真提供：防衛装備庁

1-10 将来戦闘機の新技術① スマート・スキン

RCSを抑えつつ機首レーダーの覆域外をカバー

ここから少し、防衛省が将来戦闘機向けに研究・開発を行っている技術について記していきます。これからの戦闘機を開発するにあたって研究課題としているものですが、X-2ではステルス、高運動性、システム・インテグレーションだけが確認されます。その他のものはX-2の作業と並行して研究が進められますが、X-2での飛行実証は行われません。

最初の技術が、**スマート・スキン構造**（**SSS**※）と呼ばれるものです。機体の外板部にレーダーや警戒装置などのセンサーを組み込むことによって、航空機の外形形状に沿ってセンサー・システムを配列するものです（スマート・スキン・センサー）。平成18〜21（2006〜2009）年度にかけて研究・試作を行い、平成21（2009）年度および平成22（2010）年度に試験を行いました。これが実用化されれば、機首レーダーの覆域（ふくいき）外にある目標の捕捉や追跡が可能になります。また、センサーが埋め込まれることになるので、機体に張り出しや段差がなくなり、RCSの低減にも貢献します。

防衛省ではSSSの研究に着手する前に、機体形状に合わせてレーダーを埋め込む**コンフォーマル・レーダー**と呼ばれるシステムを研究しています。平成10〜15（1998〜2003）年度に研究・試作を行い、平成12（2000）年度からは試験も行いました。コンフォーマル・レーダーではアンテナが機体形状に沿って曲面になるため、平板なアンテナよりも覆域を拡大できることなどが確認されました。この技術がSSSの開発にも役立っています。

※ SSS：Smart Skin Structure

ちなみにSSSについては、いくつかの国が研究していますが、実用化されたものはまだありません。

■ スマート・スキンの概念

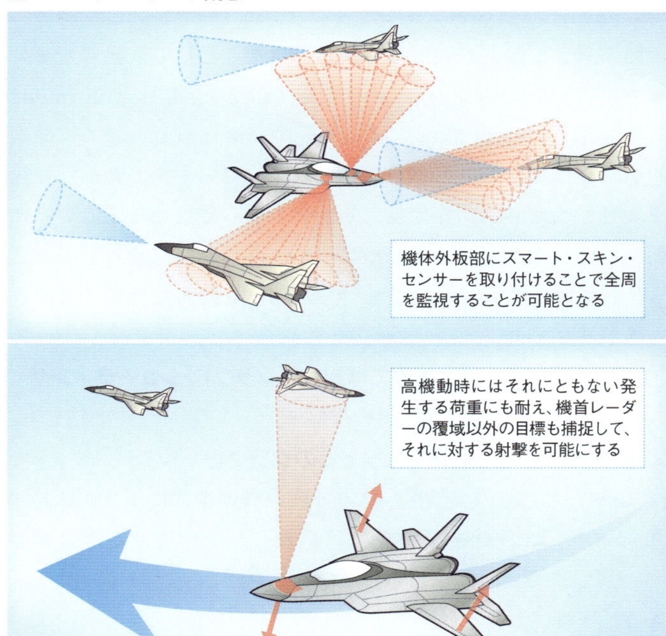

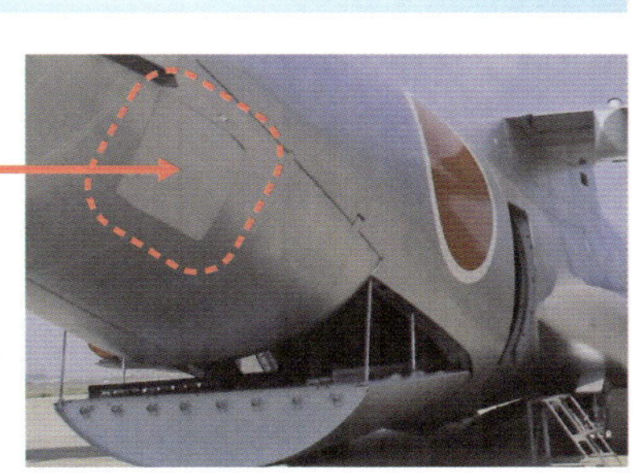

コンフォーマル・レーダーの飛行試験機であるC-1における開口（アンテナ）収容部

写真提供：防衛省

1-11 将来戦闘機の新技術② i^3戦闘機

敵を凌駕する7つの特徴

防衛省が「将来の戦闘機のあるべき姿」として公表したビジョンが**i^3戦闘機**と呼ばれるものです。「高度な情報化（informed）と知能化（intelligence）によって瞬時（instantaneous）に敵を攻撃できる能力を持つ戦闘機」を意味しています。優れた技術を駆使しながら、情報優越、知能化、瞬時破壊力などといった新しい戦い方で、数的劣勢やステルス機への対応を可能にしようとしています。この中で挙げられている能力には次のようなものがあります。

① **誰かが撃てる、そして撃てば当たるクラウド・シューティング**：射撃機会の増大と無駄弾の排除。

② **数的劣勢を補う将来アセットとのクラウド**：スタンドオフ・センサーとしての大型機。前方で戦闘機の機能を担う無人機。

③ **ライト・スピード兵器**：撃てば当たり、敵に逃げる機会を与えず、また、活動が縛られない。

④ 電子戦に強い**フライ・バイ・ライト**飛行操縦装置。

⑤ **敵を凌駕するステルス**：世界一の素材技術を活用し、より優れたステルス性で優位を確保。

⑥ **次世代高出力レーダー**：世界一の出力半導体技術で、ステルス機であっても発見できる強力なレーダー（カウンター・ステルス能力）。

⑦ **次世代大推力スリム・エンジン**：世界一の耐熱材料技術を活用して開発し、スリムな機体形状を生み出す。

■ i³戦闘機の概念

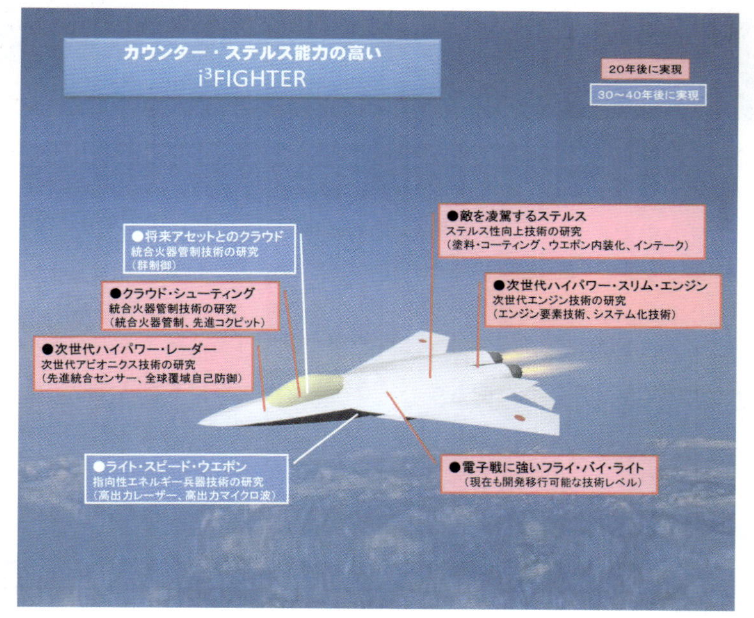

図版：防衛省

　これらのいくつかについて1-12でもう少しくわしく見ていきますが、スリム・エンジンが実現すれば機体のRCS低減につながり、ステルス性が高まります。

1-12 i3戦闘機の技術

光速で一瞬のうちに敵を撃破する

1-11の①で記したクラウド・シューティングとは、ネットワークでつながった戦闘機、大型機、無人機などの大きなグループの中で、センサーや兵器のリソースを最適に活用するものです。センサーや兵器を持つ各種の航空機がネットワークに接続して、「ほかの誰かがロックオンした目標を、別の誰かが射撃する」といったことを可能にします。これまでは戦闘機Aがロックオンした目標は戦闘機Aのパイロットしか攻撃できませんでしたが、それ以外のパイロットでも攻撃できるようにするのです。

さらに、空中警戒監視システム（AWACS）機や空中早期警戒（AEW）機など、別の作戦機が捕らえた目標も「攻撃すべき

■ 平成22（2010）年に防衛省が示した、将来戦闘機の開発ビジョンにおける

平成	22	23 ～ 27
F-2後継の選択肢		コンセプト①② 統合火器管制技術の研究（統合火器管制、先進コクピット、群制御）
		コンセプト③ 指向性エネルギー兵器技術の研究（高出力レーザー、高出力マイクロ波）
	コンセプト④ ステルス性向上技術の研究（塗料・コーティング、ウェポン内装化、インテーク）	
	コンセプト⑤ 次世代アビオニクス技術の研究（先進統合センサー、全球覆域自己防御）	
	コンセプト⑥ 次世代エンジン技術の研究（エンジン要素技術、システム化技術）	
		開発段階では、機体規模にも依存するが、5,000～8,000億円規模の経費が必要

● コンセプト④（1-11参照）のフライ・バイ・ライトについては、開発移行可能な技術レベルをすでに有している。

目標」として、ともに行動している戦闘機に引き渡すといったことも考えられています。

実際の攻撃に使う兵器は、i^3の1つである瞬間撃破を可能にする「鍵」となるものです。これには、撃てばすぐに当たるライト・スピード兵器が検討されています。この兵器は光の高速性を活用するもので、例えば高出力のレーザーなどが考えられています。これを目標に照射すれば、センサーや電子機器を瞬時に無機能化できます。また、レーザーなどの電子光学系装置は、電子妨害などを受けることがなく、電磁干渉による誤作動も起こさないという利点があります。

ただ、これには指向性エネルギー兵器技術の研究、高出力レーザーの開発、高出力マイクロ波の研究と開発など、まだ多くの課題があり、防衛省では、クラウド・シューティングとともに、実現できるのは30～40年後になるとみています。

ロードマップ

28～32
33～37
38～42
実証機初飛行
無人機については、群制御の成果と運用環境の状況を見極め、開発の開始時期は別途検討
指向性エネルギーについては、小型化の実現性を見極め、適用時期は別途検討
開 発
►F-2後継の選択肢へ

- 戦闘機搭載型ミサイルについては、別途必要な研究を実施していく。
- 具体的な研究開発事業の実施にあたっては、運用面、技術面、コスト面からの検討を十分に行う。

1-13 X-2はF-3になるのか？

F-3を開発するなら設計は一からやり直し

X-2は戦闘機の技術実証機なので、これがそのまま戦闘機になるわけではありません。開発目的が違うため、今の機体のサイズではレーダーなどのセンサーを搭載するスペースはありませんし、兵器の搭載場所もありません。ステルス戦闘機ならば胴体内に兵器倉を設けることになりますがその場所もなく、戦闘機にするならば、より大型の機体にしなければなりません。かといって、単に「拡大すれば済む」という単純なものではありませんから、新しい戦闘機を開発するなら、一から設計をやり直すことになります。

ただ、高いステルス性を得られる設計技術などは、もちろんX-2で培われることになりますから、将来の独自開発戦闘機に

F-86Fの後継支援戦闘機としてつくられた国産支援戦闘機の三菱F-1。高等練習機T-2を発展させたもので、日本の航空機産業が超音速機の開発技術力を有していることを実証した

写真提供：赤塚 聡

つながる期待は高まっています。国産の超音速戦闘機三菱F-1、そしてF-16をベースに独自開発を加えた三菱F-2に続く戦闘機ということで、実現すれば「F-3になる」などと報じられることもあります。

防衛省は航空自衛隊の戦闘機について区分けを廃止しましたが、F-1もF-2も、共に対艦攻撃と近接航空支援を主任務とする支援戦闘機として装備された機種です。これからの戦闘機には多用途作戦能力が必須となり、新戦闘機を国内開発する場合もそのような機種になるはずですが、それでも対艦攻撃を任務とする機種を国内開発する伝統を守りたいという気持ちは、航空産業界も防衛関係者もともに強く持っていて、それがF-3という夢につながっているのです。その点では、X-2がこれから果たしていく役割は非常に重要です。ただ、それが必ずしも新戦闘機の独自開発を約束するものではないことも覚えておく必要があります。

F-1の後継機である三菱F-2。アメリカのF-16をベースに、航空自衛隊が求める支援戦闘機の能力を備えるよう、大幅に設計を変更してつくられた。「F-1に続く支援戦闘機も国内開発機で」という意見もあったが、さまざまな理由からF-16の改造・開発で決着した　写真提供：赤塚 聡

1-14 F-3への課題とX-2の価値

国際共同開発への参加や国内開発の道を残す

X-2での作業を成功させたとしても、独自戦闘機の開発に進むには、たくさんの壁があります。最も高い壁が、価格も含めたコストで、航空機の国内開発では常に指摘される課題です。日本はこれまで防衛製品の輸出について武器輸出三原則という基本政策を堅持し、国内開発した防衛装備品の輸出を、原則として一切認めませんでした。このため、戦闘機などの生産数は、自衛隊が必要とする数に限られ、その結果、量産効果が出にくく、どうしても価格が高くなるという問題がありました。

しかし、2013年4月に防衛装備移転三原則に変わり、条件を満たせば武器の輸出が認められるようになりました。ただ、それでも「能力面でもコスト面でも国際的な競争力を持つ戦闘機を日本が独自で開発できるのか」と問われれば、今の時点では「まず不可能」としか言えないでしょう。

とはいえ、防衛装備移転三原則が制定されたことにより、日本は国際共同プログラムに日本独自の技術を持ち込んで最初から参加することが可能になりました。X-2により各種の最新技術を習得し、実用化できる能力を有しておくことで、日本は新戦闘機の国際共同開発に参加し、重要な役割を果たしたり、主導的な立場を得られる可能性が出てきたのです。

現実的な見方をすれば、こうした国際共同開発での協議で技術的に裏打ちされた交渉力を高められることが、X-2によってもたらされる価値と言えるでしょう。もちろん新戦闘機の国内開発も常に検討されるので、X-2での作業は国内開発を選択肢として残し続けることにも貢献します。

X-2のような本格的な戦闘機技術実証機は、日本では初めてである。このX-2の開発作業や飛行試験がそのまま新しい国内開発戦闘機に直結しなくても、この機種を製造し、それにより飛行試験を行うこと自体に大きな意義がある　写真提供：赤塚 聡

X-2を実用機として発展させることができれば「これ（X-2の実用機）に続くF-3になる」と期待されているが、その道のりはかなり険しいと言わざるを得ない

写真提供：赤塚聡

1-15 航空自衛隊の戦闘機価格

高いのは事実だが、それなりの理由もある

航空自衛隊の戦闘機についてはよく「高額すぎるのではないか？」と指摘されます。事実、最新戦闘機のF-35Aは、平成29（2017）年度の概算要求における計上額が約155.7億円（1機）で、アメリカ空軍の101.7億円（1機）の1.5倍以上になっています。F-2でも、最終調達年度となった平成19（2007）年度の調達単価は約132億円にもなり、これが調達を量産機94機で終える大きな理由になりました。それ以前のF-15J/DJやF-4EJにしても、調達単価はアメリカ空軍の2倍程度になっていました。

確かにこれらは異様に高額ですが、そこには理由もあります。最大の理由は、日本はこれまで、戦闘機をライセンス生産してきたことです。ライセンス生産では、原産国にライセンス料を支払わなければなりません。額はものによってまちまちですが、航空機では3割程度が常識の範囲とも言われます。となると、50億円の航空機をライセンス生産すれば、それだけで65億円になります。生産のための設備投資も必要で、仮に工場を新設すれば巨額の経費が必要です。一方、生産は自衛隊向けに限られるので、1機あたりにかかる投資額が増え、機体価格が上がるのです。

とはいえライセンス生産の恩恵もあります。日本はライセンス生産することで、F-86FからF-15までの間に戦闘機技術の進歩を身をもって体験でき、技術習得もできました。また、すべてを国内でつくったため、F-4EJ改やF-15能力向上改修など、独自の改良・発展を、ほぼ単独でできたのです。加えて言えばX-2を開発できたのも、そうした経験と実績を積んできたからなのです。

上昇するF-4EJ改。機体価格は大幅に高額となるが、F-4EJやF-15Jをライセンス生産したことが、まったく独自の近代化能力向上機の開発を可能にした　写真提供：赤塚 聡

column 1

サーブX1G

短距離離着陸能力の研究で使用された

X-2はその数字が示すように、防衛省としては2機種目の研究機です。1機種目はサーブ91Bサフィール単発プロペラ機を改造したX1Gで、短距離離着陸能力の研究に用いられました。1975年12月に改造後の初飛行を行い、その後、形態や機能の変更などが何度か行われて1985年に退役しました。現在は、岐阜県各務原市にある「かかみがはら航空宇宙博物館」(http://www.city.kakamigahara.lg.jp/museum/)で展示されています。

1機だけ購入して、短距離離着陸能力の研究・開発に用いられたサーブ91Bサフィールには X1Gの制式名称が付けられた。この機種が存在したためATD-Xの制式名称がX-2となり、防衛省にとっては久々の「Xプレーン」誕生となったのである 写真:著者所蔵

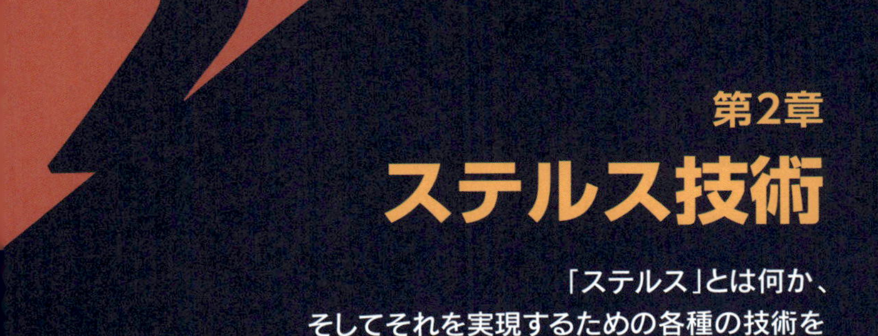

第2章
ステルス技術

「ステルス」とは何か、
そしてそれを実現するための各種の技術を
取り上げます。

2-1 ステルスとは?

きっかけは「見えない爆撃機」

ステルスという言葉は、英語でStealthと書き、「隠密」「こっそりとすること」というような意味を持つ名詞です。語源は「steal＝盗む（動詞）」にあり、盗みはコソコソ隠れて行ったりすることから名詞化されて前記の意味が持たされたとのことです。今日では航空機の技術として有名ですが、言葉としてはもちろんステルス機が話題になるはるか前から存在していました。この単語が航空機に使われるようになったのは1980年のことで、当時のアメリカ合衆国大統領ジミー・カーター氏が「既存の防空システムでは迎撃できないステルス技術を使った爆撃機を開発している」と明言したことで、ステルス機という航空機の種類が誕生したのです。このときから「ステルス技術とはどんなものなのか」に高い関心が寄せられましたが、軍事や科学などに関心がない人にとっては、アメリカでもいまひとつピンとこないようでした。

そこでメディアは「探知できない（あるいは困難）な爆撃機」ということで「見えない爆撃機」と表現することも多くありました。しかし、すぐに「ステル

※ ATB：Advanced Technology Bomber

ス」という単語が市民権を得たようで、「見えない」という表現は次第に姿を消していきました。また、より正確を期した表記としては**発達技術爆撃機**（**ATB**※）という名称が使われました。いずれにしても、この爆撃機は、ノースロップ（現ノースロップ・グラマン）B-2スピリットとなりました。ただ、アメリカ国防総省がその想像図を公式に発表し、全翼機であることが明らかになったのは1988年4月のことで、それまでの8年間は形状についてさまざまな憶測がなされていたのです。

野球の盗塁もバッテリーの隙を見つけて次のベースを盗もうという「ステルス」活動である。日本では「盗む」という英語をそのまま使って「スティール」ということも多いが、これは和製英語で、英語では盗塁のことをバッテリーの側に立って「Stolen Base（奪われた塁）」と言う

写真提供：よっしー

2-2 人による航空機の探知

圧倒的に視覚に頼っている

今日「ステルス」と言うと、レーダーによる発見を困難にすることが主体で、本書もそれを中心に記述しています。ただ、実際の探知手段にはさまざまな手法があり、それらからの探知を難しくすることも広義のステルス技術になります。対レーダーのステルス性の前に、それについて少し記しておきます。

動物や人間が、ものを感知するために備えている機能が**五感**です。これは視覚、聴覚、臭覚、触覚、味覚ですが、そこに「ものがあるか否か」の探知については、人間はもっぱら**視覚**に頼っています。嗅覚や聴覚は犬などの動物に劣りますが、視覚については色や脳による認識と記憶などにより、かなり優れています。逆に言えば「視覚に頼りすぎたため、嗅覚や聴覚が低下した」とも言えるでしょう。航空機の探知にも、当然、五感が使われますが、飛んでいる航空機に触ること

はできませんし、まして食することは地上に停止していてもあり得ないので、人が航空機の存在を認知するのには視覚をフル活用していると言えます。すなわち、航空機が人間に対してステルス（隠密）性を高めるには、目をごまかせば、ほぼ事足りることになります。

五感のほかに、第六感、いわゆる超感覚があります。直感、霊感、予知、殺気などの「雰囲気を感じる力」といった能力で、そうした能力が人間や動物にあると考えられています。ただ、科学的に説明できているものではないので、本書ではそれらを人間が航空機を探知できる能力としては扱いません。

人間の五感の中で探知力に優れているのは視覚である。艦船にとって航空攻撃は大きな脅威であり、航空機の早期の発見は重要な課題であった。レーダーがない時代は防空観測員の視覚が頼りで、そのためのデッキが艦橋に設けられた。写真は試験航行中の旧日本海軍の戦艦「扶桑」
写真：日本海軍

2-3 対目視ステルス①
迷彩塗装

地面に溶け込むような塗装が施された

軍用装備で人目を惑わすと言えば、ほとんどの人が**迷彩**（**カムフラージュ**）を思い浮かべるでしょう。地上部隊の兵士が周囲から目立たないようにするために迷彩服を着用するのは常識であり、航空機や戦車などにも迷彩塗装が施されているものが多数見受けられます。航空機は、誕生から間もない第一次世界大戦で早くも戦いに投入され、戦闘機同士の空中戦も行われるようになりました。敵に負けないようにするには、まず見つからないことが重要です。そこで、第一次世界大戦時にすでに、いくつかの迷彩塗装が考案されています。最初に取り入れたのはフランスで、ニューポール11戦闘機の外皮を、通常の茶色ではなく変形の緑と茶色の羽布の組み合わせにしたものだったと言われます。**ロゼンジェ**（**菱形**）**迷彩**と呼ばれる塗装も案出されました。これは主に主翼と水平安定板を、小さな菱形や五角形、六角形などの図形に塗り分けたもので 、特に上から見たときに、背景となる地面や森林などによく溶け込んだと言われています。戦闘機への迷彩塗装はドイツやイギリスも導入して、進化を続けました。

第二次世界大戦に入るとさまざまなパターンや色の組み合わせが活動場所に応じて開発され、多様化していきました。迷彩塗装の効果は広く認識され、戦後のジェットの時代に入って以降、今日まで受け継がれています。ただ近年は、多くの色を使うものはあまり見かけず、空あるいは海を背景にしたときにそれに溶け込む系統の1色または2色で仕上げているものが多くなっています。こうした塗装は**低視認性塗装**などと呼ばれています。

主翼上面をロゼンジェ迷彩に塗ったドイツ軍の複葉戦闘機ハルバーシュタットCL.IV。小さな幾何学模様に4色で塗り分けている。写真はワシントンD.C.にあるスミソニアン博物館のウドヴァー・ヘイジー・センターの所蔵展示機
写真：青木謙知

第二次世界大戦において北アフリカ戦線に展開して砂漠向けの迷彩塗装が施されたドイツ空軍のメッサーシュミットBf109E/TROP。鮮明な写真ではないが、機体の色が背景の砂漠に溶け込んでいることは十分にわかる
写真：著者所蔵

2-4 カムフラージュの対極① リヒトホーフェン

抑止力としての派手なカラーリング

第一次世界大戦で空中戦が行われるようになったとき、そこにはまだ**騎士道の精神**が深く残っていました。互いに正々堂々と戦うということから、迷彩塗装のようなものはむしろ邪道とも言えたようです。腕に自信のあるパイロットは、コソコソ隠れずに身をさらすこともいとわなかったのです。

その代表はドイツの撃墜王、マンフレート・フォン・リヒトホーフェンでしょう。乗機を深紅に塗って飛行し、戦っていたことから「赤い悪魔」とか「レッド・バロン（赤男爵）」などと呼ばれました。リヒトホーフェンの乗機の中でも有名なのは、複葉のアルバトロスDⅢと、3葉のフォッカーDr. Ⅰで、これらにより第一次世界大戦中に80機を撃墜しました。

リヒトホーフェンの深紅の乗機は、どこからでもよく目立ったはずです。今日におけるステルスの考え方の、対極に位置するものと言えます。一方でその当時のことを思うと、撃墜王で名を馳せた人間が乗っていることを相手に知らしめることも重要だったのではないかとも思われます。相手が「強

敵が出てきた」と恐れをなしてくれれば、それだけで優位に立てたとも考えられるからです。

リヒトホーフェンは、1918年4月21日のイギリス空軍機との空中戦で銃撃を受けて被弾し、不時着しました。銃弾は心臓と肺を貫通していて、救出隊が発見したときにはすでに死亡していました。しかし、リヒトホーフェンは今日まで英雄として語り継がれていて、ドイツ空軍の第71戦闘航空団は部隊の名称に彼の名前をそのまま用いており、マークの中央には赤でリヒトフォーフェンの頭文字「R」が入っています。

第一次世界大戦の撃墜王・ドイツ空軍のリヒトホーフェンの乗機の1つで、最も有名なフォッカーDr.Iの復元機。ほぼ全体を深紅に塗り、その存在を誇示しつつ戦った。騎士道精神と自身の腕の誇りを示すものだったと言えよう
写真提供：Oliver Thiele

2-5 カムフラージュの対極② 戦時下の特別塗装

士気を高めるさまざまなノーズ・アート

戦争で避けなければいけない事態の1つが、同士討ちです。航空機が目立たないように迷彩塗装などを始めると、空中戦などの際に、発見した航空機が敵機なのか友軍機なのか判別が難しいケースが増えて、友軍機を攻撃、撃墜するケースが増えるようになりました。今日では敵味方識別装置がありますが、目視で交戦していた第二次世界大戦時には、それを回避するために、ひと目で識別できるようにする必要が生じたのです。

ドイツ空軍は、メッサーシュミットBf109の機首部などを黄色く塗ることにしましたし、連合軍は主翼と胴体に白と黒による太い帯、インベージョン・ストライプ（侵攻帯）を入れました。これらは、敵による発見も容易にしてしまいますが、同士討ちの回避はそれだけ重要だったのです。

また、戦闘機などのパイロットは、毎日命を賭して出撃します。そこで、士気を高めるために乗機に独自のマークを入れることが認められるようになりました。スゴみを出すため、機首に大きく口と歯を描くシャーク・ティースもその一例ですし、ノーズ・アートと呼ばれるイラストを機首部に描いたものも多々ありました。

なお、戦闘機や爆撃機などの作戦機は基本的に男の世界なのでノーズ・アートには女性を題材にしたものも少なくなく、今日では「セクハラ」と言われても仕方のないものも多々あります。これらのノーズ・アートや撃墜マークなども迷彩塗装とは対極の、航空機を目立たせてしまうものではありますが、明日死ぬかもしれないという殺伐とした戦いの中で男たちが生み出した、士気を鼓舞する1つの方法だったのです。

第二次世界大戦後半のヨーロッパ戦線では航空機の同士討ちを避けるため、連合軍は主翼と胴体に白と黒の太い帯、インベージョン・ストライプを入れた。写真はアメリカ陸軍航空軍のダグラスA-20ハボックで、主翼と胴体のストライプはどこから見てもよく目立った　写真提供：アメリカ空軍

第二次世界大戦中に始まったノーズ・アートの習慣は今日まで続いている。写真は湾岸戦争時のイギリス空軍のパナビア・トーネードGR.Mk 1。緑と灰色の通常の迷彩塗装を砂漠色に塗り替えて迷彩効果を高めた一方、黒の下着姿でハイヒールを履いた女性が描かれている。小さくて読みにくいが、そこに書かれているタイトルは「Miss Behavin'（不品行女子）」　写真提供：アメリカ空軍

2-6 F-4ファントムⅡのコンパス・ゴースト計画

敵からの視認距離を短くする

視覚を惑わす方法としては「機体にライトを付けて光らせる」というアイデアもありました。これは特に「航空機を下から見た際に発見しにくくする」もので、明かりをともすことで航空機の下面と背景の空とのコントラスト差をなくすというのが基本原理です。第二次世界大戦中にアメリカが、ユーディ計画の名称で実証試験を行いました。

その1つに、ドイツ軍の潜水艦Uボートのハンティングに使われていたコンソリデーテッドB-24リベレーターの前部胴体周囲に、50〜60cm間隔でランプを取り付けたものがありました。試験では潜水艦からの目視発見距離を約20kmから3kmあまりに短くできたとされています。ただ、多くの機体にこうした改造を行うにはコストがかかりすぎ、また潜水艦を探知・追跡できるレーダーが開発されたことなどから、光を使ったこのシステムは実用化には至りませんでした。

その後も光を使って目視されにくくするアイディアの研究は続けられ、ベトナム戦争中にはF-4ファントムⅡを使ってコンパス・ゴースト計画の名で研究作業が行われました。この作業ではF-4の主翼と胴体の各部に計9個の高輝度ランプを取り付け、また機体の上面を紺色、下面を白に塗って地上からの視認性を調査することになりました。この計画の目標は、空中戦状態での視認距離を従来の30%近くに短くすることで、試験ではほぼそれを達成できたようですが、システムが複雑だったことから実際には採用されませんでした。後にF-117でも、光ファイバーを使った同様のシステムの調査が予定されていましたが、こちらは作業前に試作機が墜落してしまったため実施できませんでした。

■ コンパス・ゴースト計画におけるF-4ファントムⅡの機体仕様

紺色に塗った胴体の上面および側面と、白色に塗った機体下面の計9カ所に高輝度ランプを装着する。それらを点灯することで、背景となる空とのコントラストの差を減らし、目視による発見を困難にしようという考え方である

2-7 冷戦時のアメリカ軍の迷彩塗装

想定戦場に合わせていろいろな迷彩が試された

　第二次世界大戦が終わってジェット戦闘機の時代に入った当初、アメリカ空軍のジェット戦闘機はジュラルミンの地肌そのままの銀色で機体を仕上げていました。これは超音速機の時代に入っても受け継がれましたが、ベトナム戦争が始まるとF-100、F-102、F-104、F-105、F-4といった戦場に投入された各種の空軍戦闘機は、緑と茶色を使った迷彩塗装に塗られました。機種によって色調やパターンは異なりましたが、これらは**ベトナム迷彩**と呼ばれています。これに対して海軍は、当初、第二次世界大戦のプロペラ艦上戦闘機を受け継いだネイビー・ブルー仕上げでしたが、すぐに上面をガルグレー、下面を白色に塗るのを艦上機の

ベトナム戦争中にタイのコラート基地から活動したアメリカ空軍のF-111A（右）とA-7DコルセアⅡ（左）。ともに緑と茶色を使った迷彩塗装が施されていて、これがベトナム迷彩と呼ばれるカムフラージュ塗装である
写真提供：アメリカ空軍

基本としました。ベトナム戦争時も、この塗装は変わっていません。空軍機がジャングルのある陸地上空で活動することが多かったのに対し、海軍機は洋上ミッションが基本だったためです。

ベトナム戦争後にも多くの迷彩塗装が研究され、実際に塗装されました。海軍では画家のキース・フェリスが考案した2色のグレーを使って分割部を直線にし、幾何学的にした**フェリス・カムフラージュ（スプリッター迷彩）**などもありましたが、いずれも正式には採用されず、今日までガルグレー系1色による塗装が基本です。空軍ではヨーロッパ大陸の中部が主戦場になったときを想定して、全体を緑と灰色系の迷彩にした**ヨーロピアン・ワン**と呼ばれる迷彩がすべてのA-10攻撃機の基本塗装になり、ヨーロッパ配備のF-4もこの塗装になりました。日本では、洋上活動の多いF-2が濃淡2色のシーブルーに塗られていて迷彩効果を備えています。

緑と灰色のリザード迷彩をまとったストライク・イーグルのデモンストレーター機（TF-15A）。これがヨーロピアン・ワン迷彩へとつながったが、量産型のF-15Eでは今に至るまで、この迷彩塗装は採用されていない
写真：著者所蔵

2-8 対目視ステルス② 黒色塗装

なぜ黒一色に塗られたのか？

アメリカ軍の隠密航空機というと、スパイ機として世界に知られている高高度偵察機のロッキードU-2や、沖縄県の嘉手納基地に配備されていたことのあるマッハ3級超高速偵察機ロッキードSR-71を思い起こされる方もいるでしょう。この2機種に共通した要素の1つは、機体全体が黒色で塗られていたことです（U-2はそれ以外の色の時期もありますが）。

この2機種について言えば、U-2の実用上昇限度は21,300m以上、SR-71が29,500mですから、地上から目視で発見されることはまずありません。また、最高高度を飛行していれば戦闘機にたどり着かれることもありません。上昇力に優れたアメリカのF-15イーグルや旧ソ連のMiG-25“フォックスバット”でも上昇限度は20,000mですから、U-2もSR-71も人の目を惑わす必要はなかったと言えます。この2機種が黒色で塗られていたのは、隠密任務の偵察機という役目からくるイメージを演出していたと言ってもよいでしょう。ただ、SR-71の場合は、マッハ3を超す超音速飛行時に摩擦熱で外板が膨張します。そこでこの性質を逆に利用して、開発機のA-12ではあらかじめ外板と内部構造の接合部に隙間を空けておき、膨張することによってそこが埋まるようにしたため、熱を吸収しやすい黒色にしておくことが重要で、これがSR-71にも受け継がれました。

初代ステルス機であるF-117とB-2も全面黒色ですが、これはアメリカ空軍が当初から、この2機種の作戦行動を夜間（作戦活動地の時間帯）に限定したためです。続くF-22やF-35にはこうした制約が課せられなかったので、同じステルス戦闘機であっても黒色ではなく、通常の戦闘機の塗装になりました。

スパイ機としてよく知られているアメリカ空軍の高高度偵察機U-2R。その任務の隠密性を強調するかのように、機体全体がつや消しの黒色で塗られている　写真提供：アメリカ空軍

初代ステルス機であるF-117戦闘機とB-2爆撃機（写真）は、戦闘現地での作戦行動時間帯を夜間に限定したため、ともに黒一色で塗られることになった。運用中であるB-2も、今のところ黒色以外の塗装機は存在しない　写真提供：アメリカ空軍

2-9 対目視ステルス③ 飛行機雲

現在の技術で完全に消し去るのは困難

空を飛ぶ飛行機（主にジェット機）が、**飛行機雲**を引いて飛んでいるのを目にすることはよくあります。この飛行機雲は、場合によっては遠くから発見できるので、ステルス性という観点から見れば邪魔者です。飛行機雲は、熱いエンジン排気が冷たい外気と触れることで排気中の水分が氷結し、また主翼近くの圧力の低い部分が帯になることなどで発生するとされています。

恐らくはこれらの説明で正しいのでしょうが、厳密に言えば飛行機雲発生のメカニズムは解明されていません。同じようなところを飛行しているのに飛行機雲が出たり出なかったりすることがありますし、延々と細長く続いている飛行機雲もあれば、ウサギの尻尾のように短い飛行機雲もあります。こうした事象は大気状態の違いにより起こると考えられますが、いずれにせよ**ステルス性を高めようとする際は排除したいものの1つ**です。

この飛行機雲の発生を、技術で積極的に抑制しようとしたのがB-2です。エンジンの排気部に**塩化スルホン酸**という物質を触媒として流し込んで、この薬剤が持つ吸湿効果により、飛行機雲の基になると思われる水分の粒を小さくする、というものでした。このため、B-2の左右主脚収納室の前方にはこの薬剤の収納タンクが設けられました。

ただ、この薬剤は非常に強い酸性で、タンクやパイプをすぐに腐食させてしまい、高い頻度で修理が必要になりました。また、毒性の強い劇物でもあり、取り扱う作業員も防護服を着用して慎重に作業しなければならないなど問題も多く、今日では使われていません。B-2が飛行機雲を引いて飛行している写真は下のようにいくつかあり、完全な排除には失敗したようです。

高高度でロシア空軍のMiG-29"フルクラム"２機（奥）を迎撃したアメリカ空軍の２機のF-15C。ともに飛行機雲（コントレール）を引いており、目視発見の大きな手がかりになる
写真提供：アメリカ空軍

長く飛行機雲を延ばして飛行するB-2。いろいろと対策が講じられたB-2でも、飛行機雲の発生を完全になくすことは不可能だった。レーダーでは見えなくても、人の目で見つけることができる場合もある
写真提供：Wampa-One

2-10 音響ステルス

騒音をできるだけ小さくすることも重要

航空機は飛行中に、さまざまな騒音を出します。最大の発生源はエンジンで、特に戦闘機がアフターバーナーに点火すると、その騒音値は最大になります。今日のターボファン・エンジンは騒音が低くなり、低騒音化技術なども用いられていますが、一般にジェット・エンジンの近くでの騒音値は140dB程度と言われ、これは一定時間以上その場にいると聴覚障害になるレベルです。ジェット旅客機が離着陸する空港周辺の騒音地形図では、1つの基準として85dB程度のエリアが示されますが、走行中の地下鉄の車内で窓を開けた程度の騒音が80dBですから、これでもかなりの騒音です。

騒音も航空機の探知に使用でき、実際に第二次世界大戦前には、接近する航空機の音を捕らえるための各種聴音機が開発・実用化されていました。こうした装置は旧日本軍でも使われており、捕らえた音の時間差などを計測して、発生源の方向や動きを推定することもできました。

ただ、大気中の音の伝搬速度は光に比べるとかなり遅く、目視で監視できる環境条件であれば目視のほうが当然、早く発見できます。しかし、夜間や悪天候時は視界が悪くなるので聴音機の出番もあったのです。

航空機の騒音を低下させることは、音響ステルス性の向上につながります。そのためにはエンジンの騒音を低下させることが必要ですが、飛行中の航空機から発生する風切り音を低下させることも重要です。そのため、新たな機体形状の研究や装備品の取り付け方の工夫、フラップ・システムの簡素化なども行われています。

航空機は周囲に大きな騒音をまき散らしており、特に戦闘機の騒音は大きい。地上において航空機の近くで作業する地上クルーにとって、写真の整備士が着用しているようなヘッドセットは、耳を守るために不可欠な用具である　写真提供：アメリカ空軍

■ 各機種の騒音

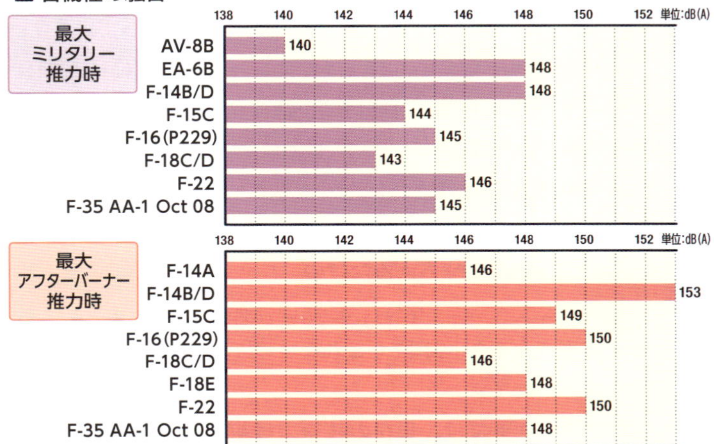

アメリカの主力戦闘・攻撃機各機種が発する離陸時の基地外における騒音値（最適条件＝最低騒音条件）。上はアフターバーナーを使用しない最大ミリタリー推力、下はアフターバーナーを使用した最大推力。数値はdB（A）。「F-16C（P229）」は、F-16Cのプラット＆ホイットニーF100-PW-229エンジン装備型、「F-35 AA-1 Oct 08」は、F-35の開発飛行試験による2008年10月の実測値という意味である　参考：アメリカ国防総省資料

2-11 赤外線ステルス ①
赤外線センサーの発展

ロシアのパッシブ（受動）式は脅威

航空機の探知技術の1つに**赤外線探知**があります。これは、周囲との温度差を検出するもので、通常は高温、すなわち熱いものを検出します。例えば飛行中のジェット機は、周囲の冷たい空気の中を熱いジェット排気を出して飛行していますから、温度差が大きく発見が容易になります。この技術はかなり以前から開発されていて、サイドワインダー（1949年開発）空対空ミサイルは先端部のシーカーが温度差を検知して、熱い部分に向かっていく**赤外線誘導方式**を使用しています。こうした赤外線誘導は、短射程の空対空ミサイルだけでなく、携帯式の地対空ミサイルにも使われていて、航空機の大きな脅威となっています。

赤外線センサーはまた、戦闘機ではレーダーと同様に空中目標の発見と捕捉にも使われていて、特にロシアの近年の戦闘機は、全機種が**赤外線捜索追跡装置**（**IRST**※1）を装備しています。この装置の最大の特徴は、レーダーのように自らが電波を出して目標を捕らえるアクティブ（能動）式センサーではなく、目標から出ている熱源を捕らえるだけの、パッシブ（受動）式センサーであることです。このため、目標は捕捉されていることに気付けず妨害などの対抗手段もとれないので、交戦時の自身の隠密性を高められます。

ただアメリカ軍では、現在の技術では複数目標との同時交戦能力がない、作戦行動の柔軟性に欠けるなどの点から、装備の優先度が低くなっています。それでもF-35が機首部下面に備えているAN/AAS-40電子光学目標指示システム（EOTS※2）に

※1　IRST：Infra-Red Search and Track
※2　EOTS：Electro-Optics Targeting System

は空対地機能とともに空対空機能もあり、IRSTと同じ働きをします。アメリカ軍でも一部の機種では機外搭載装備を検討しています。

F-35の機首下面に搭載されているAN/AAS-40電子光学目標指示システム（EOTS）のセンサー収容部。機首下面は複数のガラス窓を組み合わせたカヌー型のフェアリングになっていて、センサーが広い視野を得られるようになっている

写真提供：アメリカ空軍

F-35のEOTSが、空対地モードで捕らえた夜間の赤外線画像。低温の場所や物は黒く、高温の場所や物は白く映し出されている。画面の白い十字で攻撃目標を捕捉したことを示している

画像提供：ロッキード・マーチン

2-12 赤外線ステルス② 発生源

センサーの高性能化で増える一方

飛行中の戦闘機は各部で熱を持ち、それらが赤外線源になっています。最大の発生場所は2-11で記したとおりエンジンの排気口で、戦闘機がアフターバーナーを使用すれば発生する赤外線はさらに大きくなります。その他には次の部位が赤外線の発生源になります。

- 機首レドーム部（大）
- 機関砲砲口（小。射撃直後は中）
- 空気取り入れ口開口部と中のエンジン（大）
- コクピット（キャノピー含む）（大）
- 増槽（大）
- 胴体全体（小）
- 主翼前縁（中。長い直線ならば大）
- 主翼（水平位置から見た場合は小）
- 主翼端兵器（中。シーカーが大きければ大）
- 方向舵と昇降舵（作動部の継ぎ目が大）
- 垂直安定板（側方から見た場合は中）

これらが主要な赤外線発生源ですが、赤外線のシーカー技術は進歩を続けていて、より小さな温度差を検出できるようになり続けていますから、これまで以上にあらゆる部分で温度差を探知することが可能になっています。また、探知した目標の高解像度化技術も進歩しています。中波赤外線（3～8μm）が高画質画像を生成できることも知られていて、第二世代と呼ばれる赤外線センサーに用いられています。

赤外線センサーが捕らえた飛行中のF-16。周囲に対して全体的に高温で、機影まではっきりとわかる

写真：著者所蔵

F-35のEOTSが空対空モード（IRST機能）で捕らえたF-16。小さくて機影は見えにくいが、中央の小さな四角の中にF-16が捕らえられている。F-16の動きに応じて機体を捕らえ続け、四角の中に収め続ける

写真提供：ロッキード・マーチン

2-13 赤外線ステルス③ 技術開発

なぜフレアが必要なのか？

最も赤外線を放出するエンジン排気口については、できるだけ早く冷気を含んだ外気に排気を溶け込ませることが赤外線低減対策の1つです。F-117では胴体最後部上面に細長いスリット状の排気口を設け、すばやく冷気と混合できるようにするとともに、地上からの赤外線探知の可能性を低くしています。ノースロップがB-2とYF-23で排気口の開口部を胴体上側に配置したのも、ここまで極端ではありませんが同じ目的によるものです。

また、地上近くの低高度を低速で飛行することの多いヘリコプターにとって、携帯式の赤外線誘導地対空ミサイルは大きな脅威です。アメリカのボーイングAH-64では、エンジン排気口からの赤外線放出を極小化する技術を開発しました。これは**ブラックホール排気口**と呼ばれ、ダクト内に「Low-Q」という裏地金を貼り、エンジンからの熱放出を減らして、排気熱を徐々に空気流に混入するものです。構造的には、一次排気口と3つの二次排気口の、2つのアッセンブリーで構成されています。冷却空気と高温排気は3つの二次排気口で混ぜ合わされ、放出される排気ガスの温度が下がるという仕組みで、高レベルの赤外線抑制排気口となっています。

ただ、アフターバーナーを使用すると戦闘機のエンジン排気温度は1,000℃を超え、この高温に耐えられる機構などを開発するのは今の技術では不可能です。このため、赤外線探知に対する現実的で最も有効な手段は、**フレアなど熱源を外につくり出す赤外線対抗手段装置（IRCM※）の装備**となっています。

※ IRCM：Infra-Red Counter Measures

F-117のエンジン排気口。細長いスリット状で後部胴体上面に配置されていて、排出したジェット排気が空気と混じりやすくなるようにされており、排気の冷却効果を高めている。ただ、これだけ細い排気口ではエンジンにアフターバーナーを付けるのは不可能であり、その結果、F-117は亜音速戦闘機となった

写真：著者所蔵

武装ヘリコプターにとって携帯式の赤外線誘導地対空ミサイルは、極めて大きな脅威であり、排気口の赤外線対策は重要な課題である。世界で最も複雑で効果的な赤外線対策が施されている航空機の排気口は恐らくAH-64のブラックホール排気口である。しかし、AH-64のような構造の排気口は、排気がより高温になる固定翼機だと使用できないであろう。写真はシンガポール空軍のAH-64D

写真：青木謙知

2-14 対レーダー・ステルス

ステルス性だけを高めるのは難しい

これまで見てきたように、隠密というのは各種の探知手段から身を隠すことであり、これは航空機のステルスであっても同じです。ただ、2-1で記したとおり、本来は「既存の防空システムでは迎撃できないもの」を「ステルス技術」と定義しています。既存の防空システムは完全にレーダー・システムに依存していることから、航空機のステルス性はレーダーに対する隠密性、すなわち「いかにレーダーに捕らえられないようにするか」と理解されるようになりました。

レーダーによる探知を避けるには、レーダーの死角に入るよう超低空を地形に沿って飛行することも極めて有効ですが、これは飛行操縦技術や戦法であって航空機の技術ではないので、航空機の技術という観点からのステルス技術ではありません。ステルス機という用語が誕生して以来、注目され続けているのは、ステルス機とは、どのような形状になるのか、どのような構造なのか、どのような要素を備えているものなのかという点です。

また、非ステルス的な要素とのトレードオフ（取捨選択）も必要で、「どうバランスをとるのか」という点も重要です。例えば、いくらステルス性が高くても、常時、搭載レーダーを使用していればそれで存在を暴露することになるので、「ステルス性を得るためにレーダー搭載を止める」という選択が必要になります。また、機外に多くの兵器を搭載すれば、対レーダーのステルス性からはマイナスです。この他にも、多くのトレードオフを対レーダー・ステルスでは検討する必要があるのです。

編隊飛行を行うF-117A。戦闘機に求められる能力は多岐にわたるため、そのすべてを１機種で満たすのは現実には不可能で、ある能力を突き詰めようとすると犠牲にせざるを得ない能力も出てくる。こうしたトレードオフにより高いステルス性の確保を最優先にしたのがF-117Aであり、「空対空戦闘能力をまったく持たない」という、真の意味では「戦闘機とは言えない航空機」として完成した。そしてその姿が明らかになると、従来の戦闘機の概念を覆したその機体設計は驚きをもって迎えられたのである
写真提供：アメリカ空軍

2-15 レーダーとは？

電波は全周（360度）に発信できる

レーダー（RADAR）という英語は造語で、RAdio Detection And Ranging（電波による探知と測距）の単語を組み合わせたものであり、これ自体でその機能を言い表しています。もう少し補足すると、ある地点から電波を発信し、それが物体に反射して戻ってきたのを捕らえて、その反射波の到来方向から物体の位置を、そして発信と受信の時間差から物体までの距離を割り出すという装置です。電波は指向性なく広がっていくので、発信源から360度全周に放出されます。日ごろ使っている携帯電話が、電波さえ届いていれば方向を気にしなくてよいのもそのためです。このことはまた、電波を使った探知システムが面走査でき、全域の探知能力を有することを意味します。これに対して、赤外線やレーザーなどの光学センサーは、基本的に線走査しかできません。

一方、レーダーは物体からの反射波を捕らえなければ役割を果たせないので、物体に電波を透過してしまう性質があればレーダーで探知できないことになります。水、木材、ガラス、プラスチックなどは電波を通してしまいますし、人体も同様なので、これらはレーダーでは捕らえられません。最も反射するのは金属です。レーダーで確実に探知できます。ただ、それが電波を通さないものの陰に隠れてしまうと、当然、手前のものだけが反射するので探知できません。地面や海面は、本来の性質では電波を通しますが、地面は物質密度が高いため電波を通しません。波が立っていると水面も波頭の部分はレーダー電波に反応します。こうした地表や波面の反射波は**クラッター**（雑音信号）と呼ばれています。

軍用の作戦航空機にとって最も警戒しなければならないレーダーが、地対空ミサイルと連動する監視および迎撃誘導レーダーである。写真は旧ソ連製で最も信頼性の高い地対空ミサイル・システムと言われるS-75ドゥビナ（SA-2“ガイドライン”）に用いられたSNR-75（“ファン・ソング”）レーダー。E/F/Gバンドを使用している　写真提供：アメリカ国防総省

アメリカ空軍の迅速展開部隊向けに開発された展開型レーダー進入管制（D-RAPCON：Deployable RAdar aPproach CONtrol）用レーダーにおけるマイクロE-EARTSのアンテナ。C-130輸送機やC-17輸送機に搭載して運ぶことができ、飛行部隊の展開完了とほぼ同時に、レーダーによる基地周辺の航空交通管制を可能にする
写真提供：
ロッキード・マーチン

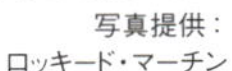

2-16 レーダーによる探知

形状を工夫して高いステルス性を実現する

2-15で記したとおり、レーダーで最も捕らえやすいものは金属製の物体です。航空機誕生初期の機体基本構造は、木製の骨組みに羽布（はふ）と呼ばれる布を外皮として貼り付けて構成していました。羽布とは繊維密度を濃くつくった布地です。航空機ではこれを骨組みに貼り付けた後に、ニスを塗るなどして固めるとともに密着させて形状と強度を確保しています。これらは、いずれも電波を通す素材なので、機体フレームをレーダーで捕らえることはまずできません。後に骨組みに鋼管が用いられるようになりましたが、ごく細長いものなので、レーダー探知への影響はほとんどないと言えます。この点では、これらの機種は「ステルス機」とも言えますが、これらの航空機が使われていた時代はレーダーがありませんでしたから、これでステルスを論じるのは無意味です。

ただ、比較的近年でも、胴体などの機体フレームをプラスチック素材にして電波透過性を高め、対レーダー・ステルス研究に使われた航空機がいくつかあります。その1つが、ア

メリカのワインデッカーが開発したイーグル1軽飛行機で、アメリカ空軍がYE-5の制式名称で試験評価機として装備しました。

その評価結果などは不明ですが、確かに全プラスチック製のYE-5はレーダーで捕らえにくいのは確かです。しかし、エンジンをはじめとして内部には金属製のものが多数使われていますから、機体を通過した電波は、結局、それらに反射してしまい、レーダー電波を反射します。それよりは「金属製の機体でも形状などに工夫を凝らせば、電波透過素材の機体フレームよりも高いステルス性を得ることが可能になる」というのが今日の常識です。

機体フレーム全体がプラスチック製のワインデッ カー・イーグル1。プラスチックはレーダー電波を透過するので、機体フレーム自体はレーダーで捕らえられないが、その中にあるエンジンなどは金属製であり、レーダー反射の対策もできないため、こうした航空機はステルス機にはなり得ない。ただ、アメリカ空軍はこの機体をYE-5として購入し、プラスチック製航空機の対レーダー特性を研究するなどした。その成果は不明だが、使用期間は短く、ステルス機の開発に大きく寄与したとは考えられていない　写真提供：Arnold Greenwell

2-17 「木製の奇跡」と呼ばれた軽爆撃機

デ・ハビランドD.H.88モスキート

第二次世界大戦がはじまるよりも前に、近代的な航空機は戦闘機であろうが輸送機であろうが、強度と耐久性に優れたアルミ合金が主体の全金属製構造になっていました。

主力機種でこの唯一の例外とも言えるのが、1940年11月に初飛行した双発の軽爆撃機モスキートです。イギリスのデ・ハビランドが開発し、木製の奇跡などと呼ばれています。木製になった理由は、もちろんステルス性とは無関係で、より確実かつ速やかに開発できること、実際に航空機を製造する工員たちが素材加工などに慣れていることなどで、堅実さを重視した結果とされています。

第二次世界大戦の末期には、防空や警戒にレーダーが使われるようになり、レーダーを搭載した夜間戦闘機も誕生して（モスキートでも迎撃レーダー装備の夜間戦闘機型がつくられました）、いくつかの局面でレーダーが使われるようになりました。それに対して木製のモスキートが、金属製の他の機種よりも被探知の面でアドバンテージがあったかどうかはわかりませんが、レーダーで発見しにくかったとは考えられます。ただ、それが「能力差につながったか？」と問われれば「いいえ」でしょう。

2-16で「内部に金属を使っていれば木製などの意味はない」と述べましたが、第二次世界大戦時のレーダーの能力は限られたものでしたから、機体全体を探知できるか否かでも大きな差になったかもしれません。しかし、当時「レーダーからの探知を避けるために機体構造が木製の航空機を新たに開発する」という発想は、どの国からも出ませんでした。つまり、**木製構造にする利点を誰も感じていなかった**ということです。

イギリスのデ・ハビランドD.H.88モスキート。航空機が全金属製の時代に木製構造を使ってつくられ、優れた能力を発揮したことから「木製の奇跡」と呼ばれた。写真はアメリカ空軍博物館の所蔵機
写真提供：アメリカ空軍

モスキートのレーダー装備夜間戦闘機型であるモスキートNF.Mk XXX。第二次世界大戦末期にイギリス空軍で就役した。機首内部にレーダーが収められていて、それを示す「R」の文字が書かれている
写真提供：イギリス空軍

2-18 レーダー探知の基本

被探知距離を1/3にするにはRCSを1/81にする

レーダーの探知能力を算出するには、少々複雑な公式が必要ですが、計算要素には送信出力と受信出力、使用する電波の波長、そして探知する物体のレーダー反射断面積（RCS※）が関係してきます。これらのうちRCSについては後述しますが、とりあえず物体がレーダーに映る度合いを面積（m^2）で示したものとご理解ください。ものすごく大雑把（おおざっぱ）に言えば、条件が同じレーダーであれば物体を探知できる距離は**RCSの４乗根に比例して長くなる**、というのがレーダーによる探知距離の原則です。

もう少しわかりやすく記すと、ここにRCSが$1m^2$の戦闘機を200海里（370.4km）の距離で探知できる防空レーダーがあるとしたとき、その戦闘機のRCSが$0.1m^2$になると探知できる距離は112海里（207.4km）と半分強になり、$0.0001m^2$になると36海里（66.7km）と、ジェット戦闘機の通常の飛行速度で言えば「あと5分でそのレーダーに到達する」という距離になってしまうということです。つまり「直前になってようやく捕らえられる」ということです。

このことからもわかるように、ステルス技術の研究は「**いかにRCSを小さくする**

※ RCS：Radar Cross Section

か」ということに焦点が当てられています。RCSを小さくするということは、言い換えれば「レーダー波の反射波を発信源に戻さないようにする」ことでもあります。そのため、ステルス機はこれを可能にする形状や構造、素材などを組み合わせてつくられていきます。

レーダーの反射波は三次元で円錐形（コーン状）になり、そのコーンが大きくなると探知距離も延びます。しかし、拡散した反射エネルギーは減衰するので、反射波を拡散させることもRCSを減らす重要な要素になります。

レーダー画面を見ながら、関東地方上空にある横田空域を管制する在日アメリカ空軍横田基地のレーダー・コントローラー。レーダーが捕らえた物体はこうした画面に映し出され、今日ではコンピューターを駆使して管理されるなどしている

写真提供：アメリカ空軍

2-19 レーダーの種類

Xバンドと Kuバンドに捕捉されないようにする

レーダーは無線電波を使用する機械なので、その周波数は他の無線機器と同様に、バンド（周波数帯域）で区分けされています。また、各バンドには特徴があり、それによって用途も変わります。

それをまとめたのが次ページの表（レーダー関係以外は省略）ですが、ステルス機は特にXバンドとKuバンドに対して高いステルス性が求められることになります。もちろん、特定のバンドに対してステルス性があれば、他のバンドでも探知しにくくなり、他のバンドでステルス性がまったく無効になるなどということはありません。

例えば、1990年のイラクによるクウェート侵攻で勃発した湾岸危機に際して、F-117がサウジアラビアに展開して訓練を開始しましたが、基地の周辺監視レーダー（Sバンド）でも捕捉できなかったため、特に帰投時の安全性が懸念されました。このため空気取り入れ口ダクト上部にレーダー・リフレクターと呼ばれる、レーダー反射を増幅させる非常に小さな装置を付けて飛行し、訓練の安全性を確保していました。F-117は最初のステルス機だったこともあり、アメリカ国内での訓練でもそうした措置がしばしばとられていました。

なお、レーダーのバンド名は、第二次世界大戦時は現在と異なり、下記のようになっていました。

- **0.2〜0.5GHz**：Pバンド
- **0.5〜1.5GHz**：Lバンド

- **1.5〜5.0GHz**：Sバンド
- **5〜15GHz**：Xバンド
- **15〜40GHz**：Kバンド

■表　レーダーの周波数帯

バンド名	周波数帯	備　考
HF	3〜30MHz	高周波。沿岸監視レーダー、水平線越えレーダーなどの超長距離を超す探知用
VHF	30〜300MHz	超高周波。超長距離探知用
P	300MHz	初期のレーダーで、HFやVHFを補完したバンド。旧式
UHF	300〜1,000MHz	極短波。弾道ミサイル早期警戒レーダーなど
L	1〜2GHz	長距離レーダー。航空交通管制など
S	2〜4GHz	中間距離レーダー。飛行場周辺管制、長距離気象用など
C	4〜8GHz	衛星トランスポンダー、長距離追跡用など
X	8〜12GHz	ミサイル誘導、戦闘機用など。Xバンドのうち10.525±25MHzの周波数帯は、空港の管制レーダーが使用。また9GHzは精測進入レーダー（PAR）で使用される
Ku	12〜18GHz	戦闘機用など。Xバンドよりも高解像度
K	18〜24GHz	雲の探知用、気象用など
Ka	24〜40GHz	マッピング、空港周辺短距離管制用など
V	40〜75GHz	レーダー・通信衛星
mm	40〜300GHz	ミリ波。短距離レーダー。攻撃ヘリコプターの火器管制用など

2-20 レーダー反射断面積（RCS）

数値が小さいほどステルス性が高い

電波や光の反射は基本的に同様で、平面に真正面から当たると真っすぐ元の場所に戻ります。例えばレーダーの電波ならば、エネルギーの減衰を無視すると、発信したものの100%を受信できます。一方、物体に当たるときに角度が付いていれば、入射角と同じ角度（反射角）で電波はそれていきますから、反射波は発信源に戻りません。ただ、現実的には多くのものが複数の面などで構成されているので、反射が繰り返されることになります。これがコーナー反射で、反射を繰り返すことで発信源からはそれますが、一定の範囲で発信源の方向に戻るようになります。

右ページの図は、ステルス対策をとっていない戦闘機のイメージを単純化したものです。反射波は実際にはもっと拡散されますが、発信源に戻るものも多くなります。これが、レーダーに探知される度合いにつながり、そのレベルの高低を数字で示したものが、2-18で記したレーダー反射断面積（RCS）です。今日、RCSは航空機のステルス性の度合いを測る数字として用いられるようになり、数値が小さいほどステルス性が高いと評価されています。

送信機と受信機が同じ場所にあるモノスタティックと呼ばれるレーダーに対するRCSは、目標物の大きさ、目標物の素材（特に表面）、目標物に対するレーダー・アンテナの位置、レーダー・アンテナと目標物の相対的な角度、レーダー電波の周波数、レーダー・アンテナの極性によって変化します。そして、RCSの低減には、①形状、②エネルギー吸収素材、③能動的なエネルギーの打ち消し、④受動的なエネルギーの打ち消し、という4つの技術が重要になります。

■ コーナー反射の原理

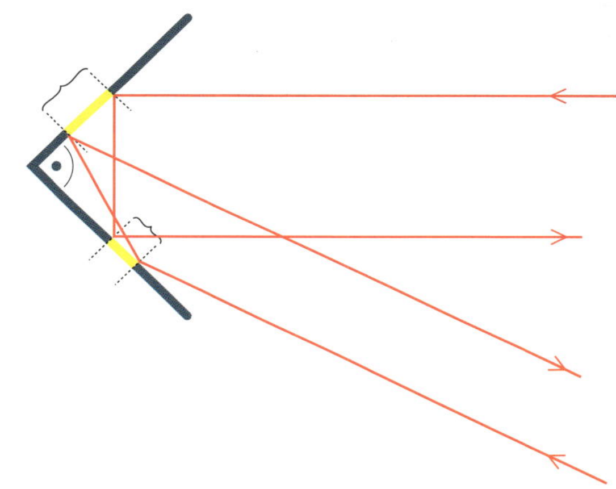

ある面で反射したレーダー波は別の面でさらに反射することで新たな反射波をつくり出し、より多くの反射波を受信機に送ってしまう場合もある

■ 飛行機の形と電波の反射

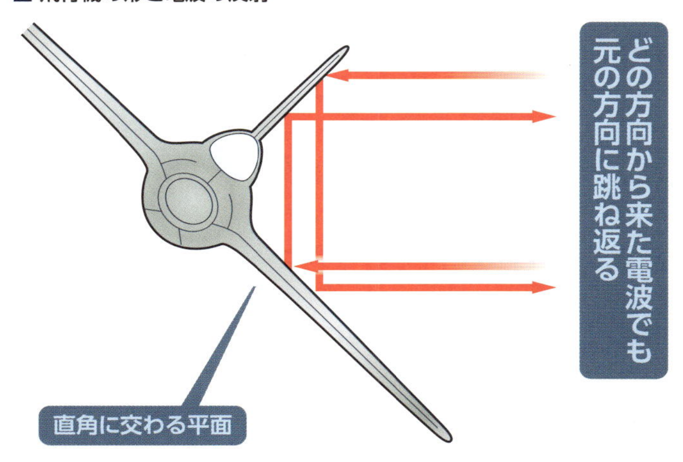

いくつかの平面を持つ航空機は、コーナー反射などによってレーダー反射を増やし、結果としてRCSを増大させる

2-21 RCS低減の技術

さまざまなアプローチで減らす

次ページの表は、主要な軍用機各機種などのRCSをまとめたものです（一部推定）。RCSに影響を及ぼす最も重要な要素は、**大きさではなく形状**です。もちろん物体が小型であればRCSは小さくなりますが、大きい物体でも形状に工夫を凝らすことでRCSを小さくできます。2-20で記したように、反射波は入射角と同じ角度で出ていくので、複数の平面を、計算し尽くした角度で組み合わせれば、多くの反射波が発信源に戻るのを避けられます。

また、面の組み合わせで生じる縁も、通常とは異なる反射方向になるよう注意を払えば、特に正面から見たときにRCSを低減できると言われています。正面からについて言えば、エンジン空気取り入れ口とダクトも重要で、空気取り入れ口開口部からエンジンの前面が見通せないようにします。機外搭載品もRCSを大きくするので、戦闘機であっても多くのステルス機が兵器倉を有しています。ただ、兵器倉の扉や降着装置収納室の扉などは、閉じた際にぴったりと合って段差や隙間などが生じないようにしないと、そこも反射源となるRCSを大きくしてしまいます。

きつい上反角や下反角、直角に近い平面の取り付けや、平行して付けられた平面の組み合わせもRCSを大きくします。垂直安定板が2枚ある戦闘機もいくつかありますが、F-15のように完全に直角で、しかも2枚が同じ角度で取り付けられているのは、RCSの観点からすれば大きなマイナスで、できるだけ**外側**

か内側に傾けるべきとされています。新世代機のF-22やF-35の垂直安定板の角度は大きくありませんが外に傾けてあり、この点では、ノースロップYF-23（3-17参照）の形状が最良のものとされています。

■表　主要な軍用機各機種などのレーダー反射断面積（RCS）

目　標	RCS（単位：m^2）
巡洋艦（全長200m）	14,000
B-52爆撃機	100～125
C-130輸送機	80
F-15イーグル	10～25
Su-27“フランカー”	10～15
F-4ファントムⅡ	6～10
MiG-29“フルクラム”	3～5
F-16Aファイティング・ファルコン※	5
F/A-18Cホーネット	1～3
ミラージュ2000	1～2
B-1Bランサー	0.75～1
ユーロファイター	0.1級
ラファール	0.1級
F-117A	0.025以下
B-2Aスピリット	0.1以下
F-22Aラプター	0.0001～0.005
F-35AライトニングⅡ	0.0015～0.005
鳥	0.001
昆虫	0.00001

※F-16Cで低RCS仕様にしたものは1～2。

2-22 レーダー波吸収素材（RAM）

特殊なコーティングで電波を吸収する

機体の形状と並んでRCSの低減にとって重要なのが、レーダー波吸収素材（RAM※）の使用です。RAMとは2-16で記した電波を透過する素材のことではなく、到来した電波を吸収して閉じ込めてしまう性質を持つ素材のことです。RAMを機体の表面などのコーティング材として使用することで、反射波をつくり出さないようにします。2-21で記した機体形状や縁、継ぎ目などの形状は、いくら丁寧に仕上げたとしても溝や段差が生じることはありますし、主翼や尾翼などの前縁や空気取り入れ口の開口部などはエッジ形状が残ってしまいます。そこをRAMでコーティングすると、RCSを低減できるのです。

RAMコーティングの概念を示したのが次ページの図です。コーティング素材は、内部に炭素や強磁性体（フェライト）の粒子が含まれています。これはまた、表面素材と機体表面の間に同様の粒子を含んだフォーム素材（スポンジのようなもの）をサンドイッチすることでも同様の効果が得られます。

RAMコーティングの問題点は、特殊な素材なのでコストが高いこと、飛行を繰り返すと摩擦などではがれてしまうことなどです。特にコーティングがはがれるなどすればRCSは一気に増大してしまうので、定期的にコーティングし直すという保守作業も必要になります。第1世代ステルス機のB-2は、機体全体のコーティングが7年に一度必要だと言います。これに対してF-22とF-35は、素材の進歩などもあってそうした作業が不要になっており、運用コストの引き下げを実現しています。

※ RAM：Radar Absorbent Material

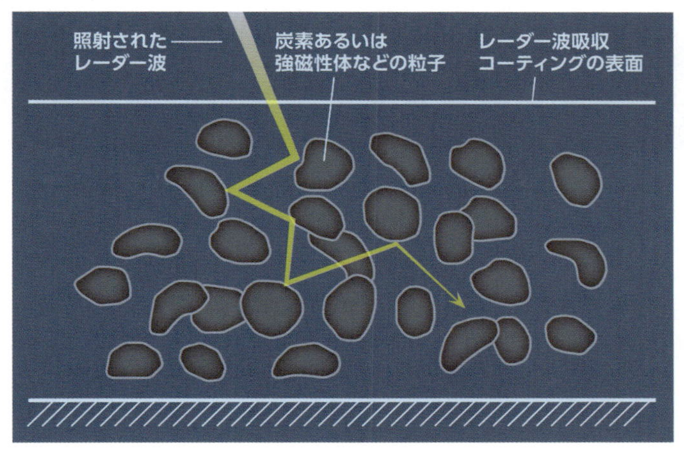

RAMの構造の一例。外から入り込んだレーダー波は、炭素や強磁性体で反射を繰り返すことでエネルギーを失い、内部に封じ込められる。出ていく反射波があったとしても、エネルギーは大幅に減衰している

RAM素材の一例。こうした素材をさらに加工してテープ状にし、機体外板に貼り付けたりする。これらを挟んでサンドイッチ状にした素材を機体構造に使用する場合もある　写真提供：EMI

2-23 受動的/能動的な打ち消し

位相が逆の波を当てて相殺する

打ち消しによるRCSの低減は、受動的であるにせよ能動的であるにせよ基本的な考え方は同じです。**レーダー電波を打ち消す電磁エネルギーをつくり出して、それにより反射波を消滅させる**というものです。波には、位相が逆の波を当てると消える（小さくなる）性質があります。

身近なものでこの性質を活用しているのが騒音抑制装置で、騒音あるいは雑音と同じ周波数帯のノイズを逆位相にして当てることで騒音を低下させます（次ページの図を参照）。ヘッドフォンやイヤフォンでノイズ・キャンセラーなどと呼ばれているものはこの技術を活用したものです。ターボプロップ旅客機ではこの理論を用いて、客室の天井部に数個のマイクとスピーカーを取り付けて逆位相の騒音を出すことで客室内の騒音を低下させる**アクティブ（能動）式騒音低減装置**を備えているものが多数あります。レーダー電波も同じ波なので、同様の手法を用いれば反射波の発生を低減できます。

受動的な方法は、機体構造に前述のような機能を発生する工夫を取り入れ、当たったレーダー波を活用して位相を逆転させ、反射波に加えて反射波を打ち消します。ただ、レーダー波のパラメーターが変化すると対応できないなど理論上の問題が多く、実用性はないと判断されています。

能動的な打ち消しは**逆位相電波を発生する装置を搭載**するもので、照射されるであろうレーダーの種類などがわかっていて、適切な波形を正しいタイミングで正しい方向につくり出せれば、有効なRCS低減策とされています。この技術は、ダッソーがラファールで試験したとも言われています。

ダッソー・ラファールはアクティブ式の音響打ち消しを研究したと言われる。音響に対するステルス性は、まださほど重視されておらず、研究もあまり進められていない。写真はフランス海軍向けの艦上型であるラファールM

写真提供：ダッソー

■ 騒音低減の原理

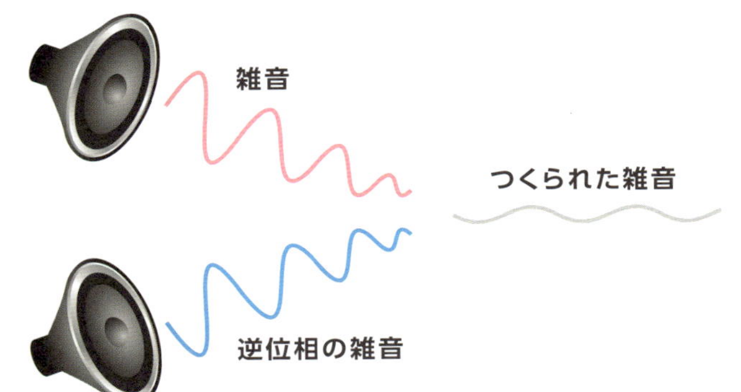

波の性質を利用して、騒音の音波に対して逆位相の音波を当てると波が小さくなり消えていく。これにより騒音が減少する

2-24 搭載レーダー

RCSが小さい形状で逆探知されにくい機能を搭載

航空機が搭載レーダーを使用して自ら電波を出しながら飛行すると、ステルス性は大きく損なわれます。F-117はそれを徹底して排除するため、レーダーなどの能動的なセンサーは搭載していません。とはいえ、現代戦においてレーダーは作戦機にとって必須の装備ですから、F-117以外の戦闘機や爆撃機はステルス機であっても搭載しています。ただ、その中でもRCSが増加しないよう配慮されています。

まずレーダー・アンテナですが、従来の機械式首振りアンテナの場合、パラボラ型や平板型のものはRCSが大きいとされています。これに対して、近年普及している**アクティブ電子走査アレイ（AESA[※1]）レーダー**は、アンテナ面が固定されており、また作動メカニズムがないことなどから、レーダー部でのRCSは小さくなっているとされています。一方、アンテナが平板なので、真正面からの照射に対しては反射波を戻しやすくなります。このため、F-22が装備したAN/APG-77はアンテナ面が垂直でしたが、F/A-18E/FのAN/APG-79やF-35のAN/APG-81はアンテナ面を上に向けて反射波をそらすよう設計されています。

AESAレーダーのもう1つの特徴に**高速の周波数ホッピング**（あるいは周波数敏捷切り替え）と呼ばれる機能があります。使用周波数を短い間隔で切り替え続ける機能で、レーダー波を捕らえられても逆探知されるのを回避でき、ステルス性を保てます。こうしたレーダーの能力は**低非探知性（LPI[※2]）**と言い、近年のレーダーにとって重要な技術の1つになっています。

※1　AESA：Active Electronic Scanned Array
※2　LPI：Low Probability of Intercept

F/A-18E/Fスーパー・ホーネットが搭載するAN/APG-79 AESAレーダーの模型。新しいタイプのAESAレーダーでは、アンテナ面でのRCSを低減させるために、アンテナ面を少し上に向けて取り付けるようになっている
写真提供：レイセオン

F/A-18C/Dホーネットの機首に装備されているレイセオンAN/APG-73レーダー。平板のプレナー・アレイ型のアンテナを使ったパルス・ドップラー・レーダーで、RCSは大きい
写真提供：レイセオン

2-25 ステルス機の探知① Lバンド・レーダー

低RCS目標を発見・追跡する

「ステルス機は絶対にレーダーで探知できないのか？」といえば、そうではありません。RCSが小さいから探知しにくいだけで、低RCS目標に対応できる能力を持つレーダーであれば、ステルス機の探知は不可能ではありません。例えば、弾道ミサイル防衛で、ミサイルを発見・追跡できるレーダーならば、高速の低RCS目標への対応力があっても不思議ではありません。

その1つと考えられているのが、航空自衛隊の地上配備警戒管制レーダーであるJ/FPS-5、通称ガメラ・レーダーです。国内4カ所のレーダー・サイトへ配置されている、LバンドとSバンドのレーダーを組み合わせたシステムで、ステルス目標に対する能力は不明ですが、弾道ミサイルの追跡に成功しています。このJ/FPS-5が使用しているLバンド帯のような低周波数域は「ステルス機の探知能力がある」としていろいろ研究されています。特にロシアでは、スホーイSu-27"フランカー"の主翼前縁内部にAESA式のLバンドのレーダー・アンテナを数個並べて装備することでカウンター・ステルス戦闘機にしよう、という作業が行われています。さらに開発中のT-50でも、同様の装備が行われているとも言われます。

ただ、戦闘機に搭載できるレーダーは小型で出力が小さい（すなわち探知能力に制限がある）こと、地上配備レーダーとは違ってレーダーの側も常に動き回っていることなどから、実際にステルス目標を捕らえ、さらにはその情報を火器管制装置で活用して目標化するのは「現在の技術では困難」と見る向きも少なくありません。「無意味な研究」「時間と金の無駄」といった辛辣な評価も見受けられます。

航空自衛隊のAJ/FPS-5レーダー。LバンドとSバンドのレーダーを組み合わせて、弾道ミサイルなどの小型（すなわち低RCS）目標の探知・追跡能力に優れている　写真提供：防衛省

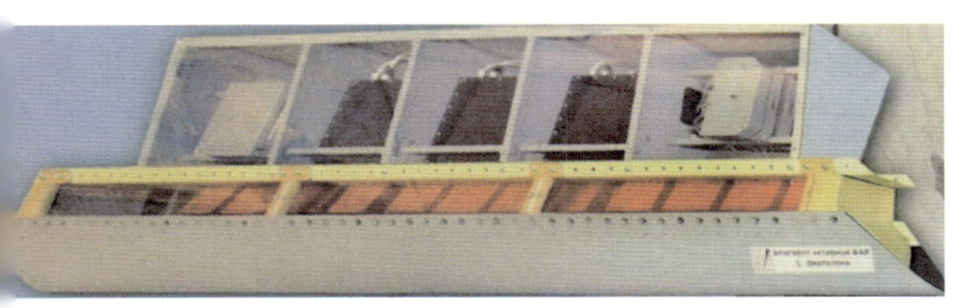

Su-27“フランカー”の主翼前縁内部に収容できる空対空Lバンド・レーダーのAESAアンテナ。ロシアのNIIPが開発している。開発中の新ステルス戦闘機T-50でも同じシステムの搭載が検討されている　写真提供：NIIP

2-26 ステルス機の探知 ② AWACSとAEW

常に性能向上が求められている

E-3およびE-767空中警戒管制システム（AWACS※1）機やE-2などの空中早期警戒（AEW※2）機にとっても、ステルス機の探知能力を備えることは重要なテーマです。AWACS機が装備しているAN/APY-2レーダーでは、レーダー・システム改善計画（RSIP※3）が行われています。これによる能力向上の1つとして**巡航ミサイルなどの小型（すなわち低RCS）目標への対応力**が挙げられています。ステルス機対応を念頭に置いたものではないにしても、低RCS目標への対応力は高まっていると考えられます。

AEW機ではE-2ホークアイを開発・製造したノースロップ・グラマンが、最新型のE-2Dでやはり低RCS目標の探知能力を高めており、ステルス機（将来出現するであろうものも含めて）への対応能力が高まっているとしています。

もちろん、その詳細は明らかにしていませんが、能力向上の理由の1つは搭載するAN/APY-9電子走査アレイ（ESA※4）レーダーがUHF帯を使用していることにあるとしています。加えて**時空間適応処理（STAP※5）技術**を組み合わせることで、洋上や陸上を飛行する巡航ミサイルなどの小型目標の探知能力が向上しているとしています。

STAPとは、目標物からの反射波以外に返ってくる静止物などからのクラッター（雑音信号）を、パルス（時間）方向とアンテナ（空間）方向の二次元計測データにより排除して、本来捕らえるべき目標からの反射波を確実に受信する技術です。

航空自衛隊は、E-767全機にRSIP作業を実施しています。ま

※1　AWACS：Airborne Warning And Control System
※2　AEW：Airborne Early Warning
※3　RSIP：Radar System Improvement Program

た、現用のE-2Cを補完するAEW機としてE-2Dの導入を決めており、2018年に初号機が引き渡されることになっています。

アメリカ空軍のAWACS機であるボーイングE-3Cセントリー。AWACS機ではレーダーに対してRSIP能力向上が行われていて、小型目標の探知・追跡能力が向上している。それがステルス機にまで対応できているかは不明だが、理屈から言えば低RCS目標に対する能力も高められているはずである　写真提供：アメリカ空軍

アメリカ海軍のノースロップ・グラマンE-2Dアドバンスド・ホークアイ。メーカーのノースロップ・グラマンは「UHF帯のAEWレーダーの装備とSTAP機能の組み合わせにより、ステルス機も含めた低RCS目標の捕捉能力が格段に向上している」と説明する　写真提供：ノースロップ・グラマン

※4　ESA：Electronic Scanned Array
※5　STAP：Space Time Adaptive Processing

2-27 非ステルス機の生存性① 電子妨害

ステルス機はECM装置を携行しない

戦闘機や爆撃機にステルス性が求められるのは、レーダーによる探知を困難にすることで高い生存性を確保しつつ、作戦目的を達成するためです。

空中戦の場合、同じ探知距離能力を持つレーダーを備えた戦闘機同士の戦いであれば、相手のレーダー探知距離を短くする効果が得られます。これにより、敵がこちらを見つける前に敵を発見して交戦する「先制発見・先制攻撃・先制撃破」が可能になります。

対地攻撃任務では、地上の防空レーダー網の覆域を狭めることになるので、濃密な防空網を実質的に無力化したり、レーダー監視覆域の隙間を通って深部にある目標を攻撃できます。そしてステルス性は、何よりも敵の攻撃の機会を奪うので、危険な任務であっても生き残る確率が高くなります。

作戦機が生存性を高める手法としては、**電子妨害**（**ECM**※）があります。1960年代には開発されていた技術で、レーダーに妨害電波を浴びせて探知を困難にするものです。強い電波を出すので存在を知られてしまいますが、ステルス技術などがなかった時代には極めて重要な機能でした。

今日でも作戦機がポッド式のECM装置を携行する場合がありますが、電子妨害専用機もつくられて、打撃パッケージ全体を電子妨害で防護するという作戦パターンもありました。今日でも多くの戦闘機がECM器材を内蔵あるいは外装していますが、ステルス機の場合はステルス性と相反する装備品になるの

※ ECM：Electronic Counter Measures

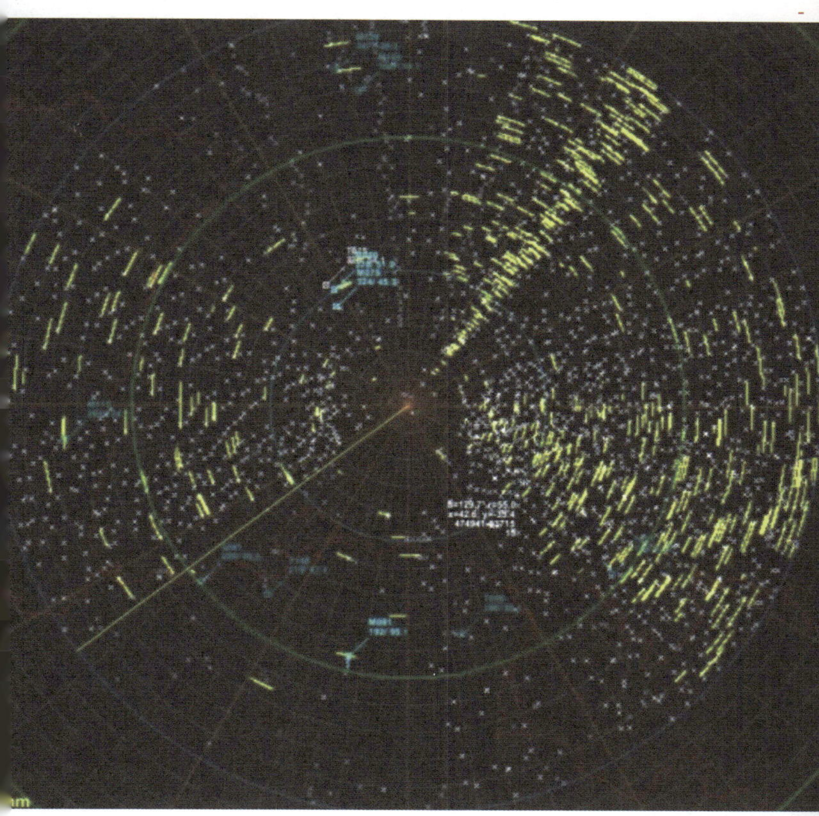

電子妨害されたレーダー画面の例。捕らえている目標が見えにくくなっているが、受信のゲインを絞っていくと弱い電波から消えはじめ、妨害電波の発信源を突き止めることができる

写真：著者所蔵

で、搭載例は見られません。ただ、レーダー警戒受信機やレーダー電波を欺瞞するチャフの撒布装置などは通常の作戦機と同様に備えています。

2-28 非ステルス機の生存性② 囮（おとり）

大きなRCSをつくり出してかわす

自身の存在を惑わす方法の1つが、囮(おとり)を使用することです。古くからある手法ですが現代でも使われており、ここでは2つの具体例を取り上げておきます。

1つはアメリカ空軍が開発中の**ADM-160小型空中発射囮**（**MALD**※1）で、B-52Hの搭載品です。B-52はもちろん非ステルス機で、全幅56.39m、全長49.05m、全高12.40mという巨大な航空機です。RCSは100〜125m^{2}なので、どんなレーダーでも容易にその存在を捕らえられます。例えば、地対空ミサイルにとっては極めて攻撃が容易な目標ということですが、それを囮でカバーするというのが、ADM-160の役割です。ADM-160は巡航ミサイル程度の大きさしかありませんが、発射されると**レーダー・リフレクター技術**を使ってB-52と同等、あるいはそれ以上のRCSをつくり出します。これにより発射された地対空ミサイルはADM-160に向かい、B-52は被弾を避けられることになります。

もう1つの囮が**曳航式レーダー囮**（**TRD**※2）です。戦闘機がレーダー誘導のミサイルによる攻撃を受けたとき、回避するための装備品です。通常の兵器類と同様に戦闘機の機外ステーションに装着され、使用時にはそこから外されますが、曳航索が付いているので後方に流して、引っ張るように戦闘機は飛行します。多くの場合この曳航索は光ファイバーで、信号を流すことで小さな囮のRCSを戦闘機サイズ並みにし、これにより戦闘機に向かっていたミサイルをかわすのです。囮にフレアを装備して、赤外線誘導兵器に使用できるようにしたものもあります。

※1　MALD：Miniature Air-Launched Decoy
※2　TRD：Towed Radar Decoy

B-52Hの主翼下ステーションに取り付けられたADM-160 MALD。巡航ミサイルよりも小型だが、発射されるとB-52と同等あるいはそれ以上のRCSをつくり出して飛翔し、レーダー・オペレーターをB-52と誤認させることで攻撃部隊の目を引きつけてB-52を守る　写真提供：アメリカ空軍

曳航式レーダー囮（TRD）を曳くユーロファイター・タイフーン。TRDは右主翼端のポッド内に2個収納されていて、まず1個を出して使用し、ミサイルが命中するなどしてTRDが壊れたら2個目を出す　写真提供：ユーロファイター/ルカ・オニス

column 2

ステルス無人戦闘機

幻のX-47B

アメリカ空軍と海軍は2000年代初頭に**無人戦闘航空システム**の研究を開始し、ノースロップ・グラマンが評価機**X-47**を製造しました。この計画はその後、紆余曲折があり、海軍単独のプログラムになりましたが、実用型デモンストレーター**X-47B**がつくられて、空母の艦上における運用試験も実施されています。兵装搭載能力は計907kgの爆弾で、機内兵器倉に収容し、高いステルス性を得るために全翼機構成がとられました。X-47Bでは実際の兵器投下は試験されず、2015年には事実上の開発作業打ち切りが決まりました。

本格的な精密爆撃能力を持つ無人戦闘航空機システムとして開発が進められたX-47B。高いステルス性を得るため、ノースロップ・グラマンお得意の全翼機構成がとられた

写真提供：ノースロップ・グラマン

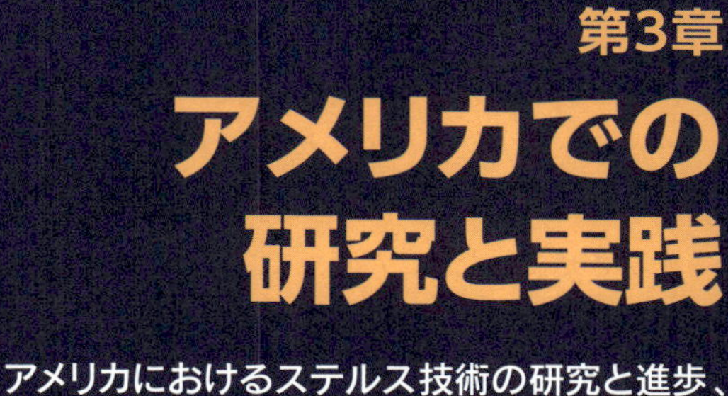

第3章

アメリカでの研究と実践

アメリカにおけるステルス技術の研究と進歩、
それを用いた実用作戦機について解説します。

3-1 U-2撃墜の衝撃

すぐに失われた高高度飛行の安全性

第二次世界大戦が終わると、戦勝国は、政治体制を異にするアメリカとソ連（当時）の両大国を中心に、西側諸国と東側諸国に分かれました。太平洋での戦いを終結に導いたのが、アメリカが投下した2発の原子爆弾であることは確かで、その威力を目の当たりにしたソ連も開発を急ぎ、1949年8月には核実験を成功させました。この時点でアメリカの核兵器の優位は失われ、東西冷戦の時代に入っていったのです。

このソ連の動静監視や情報収集はアメリカにとって急務であり、偵察専用機を開発することになりました。ソ連の領空深くに入り込んで情報を集めるという、極めて危険な任務を遂行することから、この偵察機に**対空兵器の届かない高高度飛行能力を持たせる**ことにしました。こうして完成したのが**ロッキードU-2**で、1967年に就役し、高度20,000m以上を飛行できる能力は、当初、その目論見どおり、ソ連の迎撃を不可能にしていました。

しかし地対空ミサイルの進歩も急速で、**高高度飛行の安全性はすぐに失われました**。1960年5月1日、ソ連領空内を偵察飛行していたU-2が、S-75（SA-2“ガイドライン”）地対空ミサイルで撃墜されたのです。さらに他にも、アメリカの「喉元」に位置する親ソ連国キューバや、1964年に最初の核実験に成功し、1966年の文化大革命以降、鎖国状態に入った中国も監視対象国であり、U-2が同様に領空へ入り込んで偵察しました。しかし、これら両国もまた、地対空ミサイルでの撃墜に成功しています。

U-2は、中国などへの飛行のために神奈川県の厚木基地に配備されていた時期もあり、1959年9月24日には、飛行中に不具合が発生したU-2が藤沢飛行場に緊急着陸する「黒いジェット機事件」を起こしています。

U-2A。高高度偵察機として開発されたU-2の最初の量産型である。グライダーのように細長い主翼を備えて長時間の滞空能力を確保し、無給油でソ連の領空奥深くまで侵入して「心臓部」などの重要地を探り、ホームベースに帰投する能力を有した　写真提供：アメリカ空軍

高度20,000mを飛行できたU-2も、地対空ミサイルの進歩で撃墜可能な対象になってしまった。中国での活動中も3機が撃墜されており、その残骸は北京の人民革命軍事博物館で公開された。当初は博物館前に3機を並べて展示していたが、徐々に展示規模が縮小されて、1機を館内展示するように変更された。なお、2012年から改装工事が行われており、現状は不明である

写真：著者所蔵

3-2 U-2の対レーダー対策

偵察衛星は万能ではない

U-2を地対空ミサイルの脅威から守る手法の1つとして考え出されたのが、**レーダー波吸収素材（RAM）（2-22参照）**の使用でしたが、これに加えて、**主翼と水平安定板の前縁および後縁にワイヤを張る**というものもありました。これは「ワイヤから電波を出す」などというものではなく、機体周囲のワイヤがレーダー電波を打ち消すという理屈でした。ところが試験の結果、極めて特定の周波数域であれば防げたものの、ほとんどのレーダー電波は機体まで届き、「U-2をレーダーから守ることはできない」と結論付けられました。これにより、計画の初期段階でこの案は葬り去られました。

しかし、U-2の高高度・長時間飛行能力が極めて重要なことに変わりはなく、いったんは1960年代中期に生産終了したものの、1980年代初めに**TR-1の名称で再生産**されています（後に名称はU-2で統一）。こうしてU-2は長期間使用され、現在も33機が偵察部隊により運用されています（5機は複座の訓練型）。

この間には当然、偵察器材がアップグレードされていて、偵察能力が格段に向上しています。このため全長が延びたり、タイプによっては機外にセンサーが装備されるなど、機体形状が変化しています。一方、基本構造などは変わっていないので、高いステルス性が付与されているということはありません。

今日では偵察衛星が発達し、有人偵察機の出番は減りましたが、偵察衛星よりも天候による制約が少なく、絶対に必要なタイミングで活動できる柔軟性などを考慮すると、すべてを偵察衛星に任せることはできず、U-2がまだまだ重宝されることは間違いありません。

■ 主翼と水平安定板の前縁および後縁にワイヤを張る

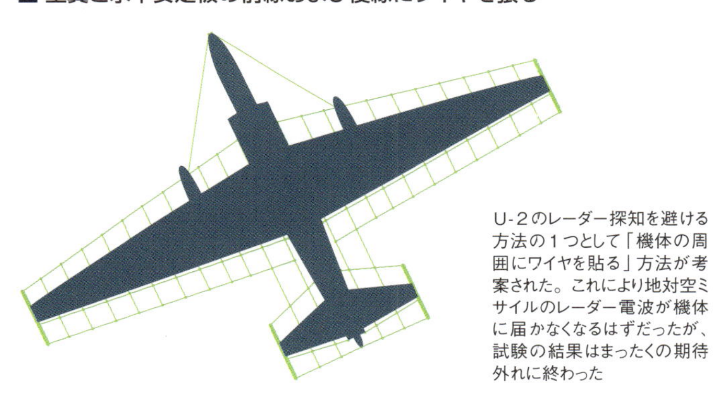

U-2のレーダー探知を避ける方法の1つとして「機体の周囲にワイヤを貼る」方法が考案された。これにより地対空ミサイルのレーダー電波が機体に届かなくなるはずだったが、試験の結果はまったくの期待外れに終わった

U-2はいったん生産を終了したものの、TR-1として生産が再開された。TR-1の制式名称は、その後U-2に戻されて、いくつかのサブタイプがつくられている。写真左の機体は最初の生産バッチでつくられたU-2Rで、右はTR-1として製造され、後にU-2Rに制式名称を変えたもの。同じU-2Rの名称になったが、全幅や胴体長がまったく違うことがわかる　写真提供：アメリカ空軍

3-3 A-12とF-12

要求されたのはレーダーに探知されない速度

U-2の運用者であるアメリカ中央情報局（CIA※）は、撃墜に衝撃を受け、U-2と同様の高高度飛行能力を持ちつつ、**レーダーでの探知を困難にするほどの高速飛行が可能な偵察機**の開発を要求しました。**A-11**の計画名が付けられたこの機種の開発担当社に選ばれたのは、U-2で高高度偵察機の開発実績を持つロッキード（現ロッキード・マーチン）社でした。

A-11の生産型がA-12で、大面積のデルタ（三角）主翼を備え、その主翼の中央に円筒形のフェアリングを付け、そこにJ58アフターバーナー付きターボジェット・エンジンを収めるという双発機でした。水平安定板はなく、エンジン・フェアリング後部の上に垂直安定板を、少し内側に傾けて取り付けていました。主翼前縁から機首部に向けて、**チャイン**と呼ばれる薄いエラ状の細長い張り出しがあります。J58エンジンは、アフターバーナーを使用すると約144kNの推力を出せ、これによりA-12はマッハ3.2の最大速度性能を得ました。

A-11は1962年4月26日に初飛行し、13機が製造されました。このA-12の設計を活用して、空軍の高高度・高速迎撃戦闘機を開発することとなり、これには**F-12**という制式名称が与えられました。A-12の最初の3機がその飛行開発機にあてられています。

これに続いて戦闘機試作機YF-12Aが製造され、1963年8月7日に初飛行しました。機首にAN/ASG-18火器管制レーダーを搭載するため、チャインの先端部がわずかに切り落とされた

※ CIA：Central Intelligence Agency

のが、A-12との外形上の大きな違いです。YF-12Aは3機製造されましたが、プログラム経費が高額なこと、当時のソ連にはこの種の迎撃機を必要とする脅威がなかったことから、量産はされませんでした。

ロッキードA-12。CIAが高高度・高速飛行能力を兼ね備えた偵察機を要求し、その要件を満たすものとして開発された。それまでの航空機とはまったく違う概念の設計手法がとられているが、今日でいうステルス技術はほとんど適用されていない　写真提供：アメリカ空軍

A-12を基に高高度迎撃戦闘機として開発されたYF-12A。写真のアングルではわかりにくいが、チャインの最先端部が切り落とされている　写真提供：アメリカ空軍

3-4 ロッキードSR-71

約20年の就役期間中、1機も撃墜されなかった

A-12は、1967年5月から1968年6月までの1年あまりの間、CIAによる情報収集偵察飛行を行い、このうち29回が実ミッションでした。A-12の評価は不明ですが、少なくとも空軍はその能力を認めて、同様の機種で、さらに攻撃も可能にする偵察打撃（Reconnaissance/Strike）機としての装備を検討し、B-70バルキリー爆撃機に続くものとして**RS-71**の制式名称を用意していました。

この新しい高高度・高速飛行偵察機の開発は極秘に進められ、試作機は1964年12月22日に初飛行しました。そして機体が公表されることになりましたが、その際、空軍上層部の意向で戦略偵察（Strategic Reconnaissance）として公表されることとなり、機体名称も**SR-71**になりました。

SR-71もステルス機ではありませんが、次項で記すようにその要素の一部が盛り込まれていて、レーダー対策がとられています。しかし、以前に航空自衛隊の防空監視レーダーのオペレーターに、「嘉手納基地（沖縄県）に駐留して活動していたSR-71のミッションがある際、よくそれを追いかけた（特に着陸時）が、非常に高速で、ちょっと目を離すとレーダー・スコープ上で見失う」という話を聞いたことがあるので、レーダーで捕らえられない機種ではなかったようです。

ただ、SR-71Aもマッハ3.2の巡航飛行能力があり、領空に入り込んで飛行するという危険な偵察任務でも、この高速性能が高い生存性をもたらしました。その証拠が、1966年から1998

年までの20年あまりのアメリカ空軍における就役期間中に、1機も撃墜されなかったという事実です。なお、製造機数は32機で、事故により12機が失われました。

A-12の機体設計をほぼそのまま受け継いだSR-71A。高高度飛行が万全ではないことはU-2の撃墜が示したが、SR-71はそれにマッハ3以上という高速飛行能力を組み合わせることで、危険な偵察任務での高い生存性を実現した　写真提供：アメリカ空軍

SR-71に制式愛称は付けられていないが「ブラックバード」の呼び名は今も世界的に広く通用している。沖縄県の嘉手納基地に配備されていたことから、沖縄県と鹿児島県に生息し、猛毒を持つ毒蛇「ハブ」の名称も広まった　写真提供：アメリカ空軍

3-5 レーダー波吸収構造

照射されたレーダー電波の反射を弱める

対レーダー・ステルス技術として知られるものの1つに、**レーダー波吸収構造**（RAS※）があります。機体に照射されたレーダー波のエネルギーを構造内に封じ込め、外に反射させないというもので、ハニカム（蜂の巣）構造も有効な構造の1つとされています。ハニカムの一例としては、外側面にレーダー電波を透過するグラファイト/エポキシ素材を、内側面にケブラー/エポキシ複合材料を使用して、ノーメックス（アラミド繊維）・コアの内材をサンドイッチするというものがあります。これによりハニカムの構造内に入った電波を、構造コア内に閉じ込められるとされています。

また素材の組み合わせによって対応できる周波数が変わり、より多くの素材を用いると、対応周波数帯が広がるとも言われますが、その分、重量も増加します。この他にも多くのRASが開発されているようですが、その情報はあまり出てきておらず、高度な機密扱いになっています。

もう1つ、RASで知られているのが、主翼前縁など機体の縁に三角形の構造を用いるもので、レーダーで捕らえられにくくする技術としてSR-71ですでに適用されていたものです。右ページの図にあるように、SR-71では主翼の前縁と後縁の縁全体に三角形の内部構造が設けられていました。

この部分に照射されたレーダー波は構造内で反射を繰り返しますが、反射を起こす面にはレーダー波吸収素材（RAM）が適用されており、反射を繰り返すごとにエネルギーを減衰させ、

※ RAS：Radar Absorbent Structure

反射波として最終的に放出されていく電波を微弱なものにします。SR-71はステルス機ではありませんが、**レーダー電波対策を取り入れた最初の実用機**と言えるものです。

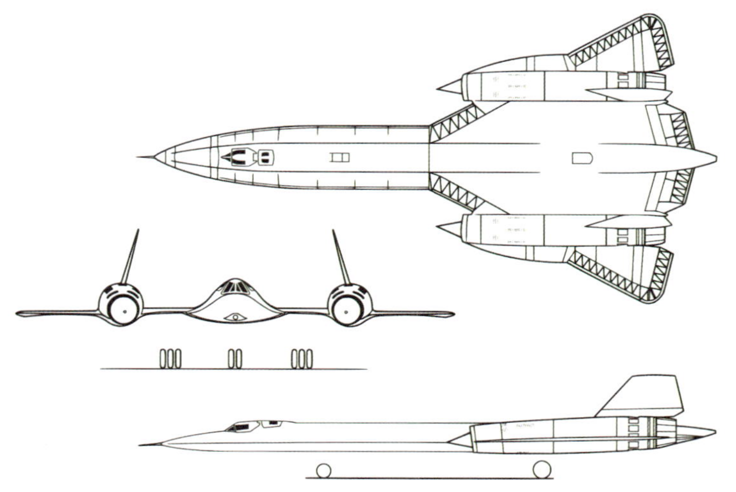

SR-71に適用されているRAS部　図版提供：アメリカ国防総省

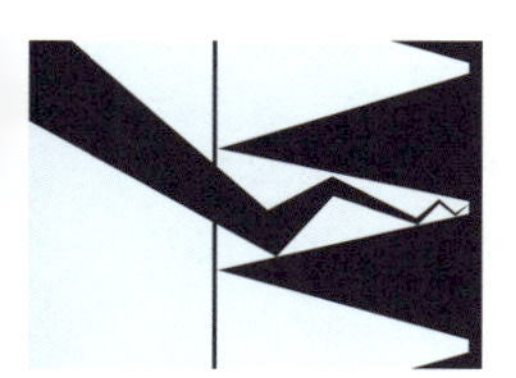

RAS部の効果のイメージ
図版提供：アメリカ国防総省

製造中のSR-71。主翼と機体の後縁部が三角構造になっているのが見える。この構造とレーダー波吸収素材（RAM）の組み合わせでレーダー反射のエネルギーを減衰させている
写真：著者所蔵

3-6 ロッキードD-21

中国の核実験を4回偵察した

ステルス機ではありませんが、A-12/SR-71の技術を活用して開発されたものに**D-21小型極超音速無人偵察機**があります。D-21はA-12の胴体背部に搭載して離陸し、上空で切り放された後、ラムジェット・エンジンにより自律飛翔に入ります。D-21は事前に組み込まれた経路を慣性航法装置の誘導に基づいて飛翔し、最後は機体後部を壊すとともに、偵察装備を収めた最後部がハッチごとパラシュートを開いて落下します。その間にJC-130Bが機首の展張式フックを使って空中でD-21を回収する、というのが基本的な飛行パターンでした。

D-21を搭載するA-12は、その母機（Mother-ship）ということから非公式に**M-21**と呼ばれ、A-12からの初発射は1966年3月5日でした。後にB-52の主翼下に搭載できるタイプも開発され、こちらはD-21Bと呼ばれました。

D-21は、A-12との組み合わせでは実運用が行われず、B-52からはD-21Bが4回の実ミッションを行っています。B-52からのミッションは**シニア・ボウル**と呼ばれ、偵察対象は中国の核実験場がある羅布泊（ロプノール）でした。

4回のミッションのうち、完全に成功したのは最初の1回だけで、1971年3月20日に行われた4回目のミッションでは、全ミッションの約4分の3の飛行を終えた羅布泊近郊で、初めて地対空ミサイルにより撃墜されました。この撃墜により、アメリカはD-21による偵察活動を取りやめ、残っていた全機を退役させました。

なお、D-21は高度約29,000mを速度約4,300km/h（マッハ3.98）で飛行でき、航続距離は5,400km以上でした。

高高度・高速無人偵察機として開発されたD-21。A-12の背中に搭載して空中発射するのが基本構想だったが、実際のミッション飛行で発射母機を務めたのは爆撃機のB-52Hだった

写真提供：アメリカ空軍

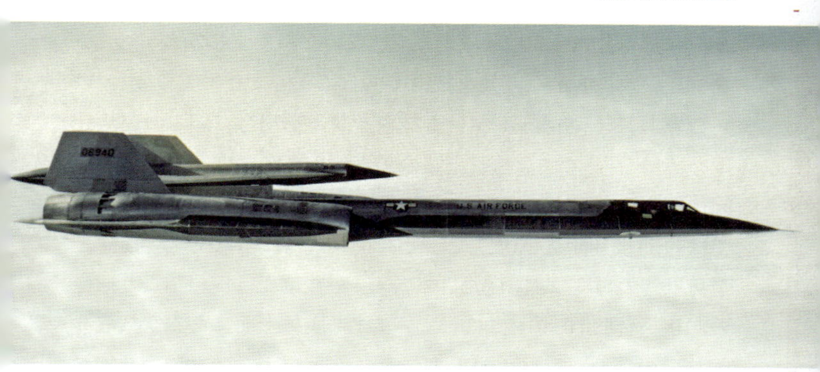

A-12の胴体上部に装着されたD-21。D-21の設計にはA-12/SR-71の技術が活かされていて、まさに「親子航空機」と呼べる関係にある

写真提供：アメリカ空軍

3-7 エッジ・マネージメント

～レーダー電波の反射方向を限定する

対レーダー・ステルス技術でよく知られているのが、使用する角度を可能な限り統一して角度の種類を減らすということです。この技術は**エッジ・マネージメント**と呼ばれ、主翼の後退角など機体に使われている各種の角度を特定のものに整えることで、レーダー反射断面積（RCS）の大きい方向を局限し、発信源へのレーダー反射の戻りを抑制する技術です。

ステルス機の外板の継ぎ目や扉の縁などがノコギリ状にギザギザしているのもこの技術の応用です。ギザギザにすることで反射波の方向にバラツキを持たせ、一方でその角度を統一することでRCSが大きくなる方向を減らしています。なお「外板の継ぎ目や扉類の縁にそうした処理がなされていることが、その航空機をステルス機と判断する根拠」とされることもありますが、それは必ずしも正しくありません。真のステルス性は、その他の技術も組み合わせなければ達成できないからです。ただ、エッジ・マネージメントが不可欠な技術であることもまた事実です。

このエッジ・マネージメント技術をフル活用しているのが**全翼爆撃機のB-2**です。機首先端の頂点から左右に広がる主翼の前縁後退角は各35度（厳密に言えば34.74度）、機体中心線に対しては約55度（同55.26度）で、機体全体を「W」字型とし、前縁後退角以外の角度は215度だけで統一、最後部だけ前縁頂点と同様の110度（同110.46度）にしています。胴体上面にある空気取り入れ口の開口部上部の縁もこれらの角度だけを組み合わせており、爆弾倉扉の縁も頂点が110度のギザギザの組み合わせです。

■ エッジ・マネージメント技術を用いてRCSが大きくなる方向を局限した概念図

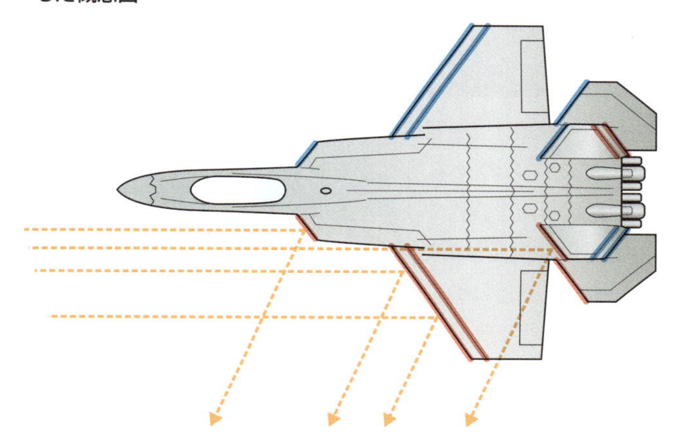

着陸の最終段階にあるB-2。「W」字型の全翼の機体では、使用している角度の種類が極小化されていて、それが高いステルス性を実現している。ちなみに後縁を直線にすると、大きなレーダー反射を生み出してRCSが増大する
写真提供：アメリカ空軍

3-8 不格好なダイアモンド

ファセッティングによる多面体設計

レーダーの反射波を発信源に戻さないことは、各反射面の角度を変えて組み合わせることでも可能です。実際に、ステルス技術の研究契約を得たロッキードは、この方法を試みました。多数の平面を組み合わせて機体を構成するファセッティングと呼ばれる手法で、機体は曲線や曲面を一切持たない多面体になりました。この形状は不格好なダイアモンド（hopeless diamond）とも呼ばれ、研究と評価の作業が行われていた1970年代中期当時の各種のレーダーに対して、非常に小さなRCSであることを示したとされています。

もちろん、レーダー波吸収素材（RAM）の使用やエッジ・マネージメント技術も合わせて用いられましたが、ファセッティングにより機体各部の面が反射波を異なる方向に発生・拡散させることで、発信源に戻る量を減らし、レーダーによる捕捉を困難にできることは証明されたのです。あとは各面の大きさと形状、それぞれを組み合わせる角度を、対象とするレーダーの特性などに合わせれば、より高いステルス性が得られることになります。

こうしてロッキードは、ステルス機の概念実証作業であるシニア・トレンド計画で製造する試験機、生存性研究テスト機（XST※）に、このファセッティング設計を用いることにしたのです。XSTの最優先課題は、極めて高いステルス性を有することで、速度性能や上昇性能は二の次とされました。すなわち、通常の航空機とは異なり、空力特性よりも電磁特性に重きが置

※ XST：eXperimental Survival Test bed

かれたのです。また、兵装を搭載することはありませんが、ある程度の機内スペースを有しておくことは必要とされました。こうしたXSTは**ハヴ・ブルー**と呼ばれることになりました。

飛行中のXST（ハヴ・ブルー）を下側から撮影したものとされる写真だが、実際の飛行モデルかどうかは、はっきりしない。機体の全体形状も見て取ることはできないが、ファセッティングによる多面体設計がとられていることはわかる

写真提供：ロッキード

電波暗室における「不格好なダイアモンド」の模型を使った電波反射特性試験。ロッキードは一連の試験で、ファセッティングが低RCSを実現するのに大きな効果があることを確信した

写真提供：ロッキード

3-9 ハヴ・ブルー

2機とも墜落するが実験は成功

XSTの研究結果を、実寸の飛行実証機としたのが**ハヴ・ブルー**です。2機が製造されて、その初号機（HB1001）は1977年12月1日に初飛行しました。基本的にはXSTを受け継いだ多面体の機体フレーム設計で、主翼は機首先端から前縁が斜め後ろに向かって延び、後縁は後部胴体と一体化されています。水平安定板はなく、2枚の垂直安定板は大きく内側に傾けられ、垂直安定板がなければ全翼機と言ってもよい機体構成です。ハヴ・ブルーの基本設計は量産機F-117へと受け継がれますが、**垂直安定板の構成や排気口などの尾部は、F-117とまったく異なっています。**

HB1001は1978年5月4日、36回目の飛行を終えて着陸する際に激しく接地して降着装置を壊し、パイロットは上昇して再着陸の機会をうかがいました。しかし、その間に燃料が切れてエンジンが停止したためパイロットは脱出し、機体は墜落して失われました。2号機（HB1002）は、そのすぐ後の1978年7月20日に初飛行しました。HB1001の事故の教訓から、後部胴体に設計変更を加えることになったため、HB1002は完成後にその改修が加えられました。HB1002は1979年7月11日、52回目の飛行中に油圧システムの作動油漏れが発生し、それがエンジン火災へとつながって激しい振動を起こしました。このためパイロットは脱出し、機体はそのまま墜落しました。

こうしてハヴ・ブルーは2機とも事故で失われましたが、この時点までに**必要なデータはほとんど収集**できており、また得られたデータは成功と言ってよいものだった（特にステルス性については）と言われています。このためハヴ・ブルーの作業は、これで終了となりました。

ハヴ・ブルーの初号機。ファセッティングによる多面体の機体構成で、垂直安定板が大きく内側に傾けられているのが特徴である　写真提供：アメリカ国防総省

後方から見たハヴ・ブルー。機体の全体的なイメージはその後の量産型F-117に似ているが、この角度から見ると、垂直安定板を内側に傾けたことで、エンジン排気口が胴体最後部で横一列になっていることがわかる。この点は、左右に分けたF-117とはまったく異なる
写真提供：アメリカ国防総省

3-10 ロッキードF-117

ステルス性に特化した特異な「戦闘機」

シニア・トレンド計画を成功裏に終わらせたロッキードに対し、アメリカ国防総省は1978年11月に、量産型ステルス戦闘機の製造契約を与えました。これが**F-117**となったもので、1981年6月18日に初飛行しました。アメリカ政府は、1980年にステルス爆撃機の開発を公式に発表しましたが、ステルス戦闘機についてはまったく触れず、その開発も認めていませんでした。しかし「爆撃機があるならば戦闘機もあるはず」というのが一般的な捉え方で、「アメリカがステルス戦闘機を開発している」というのは、すぐに常識的な見方になりました。しかしアメリカ政府は沈黙を守り、誰もその存在を証明できませんでした。

そして1988年12月10日、アメリカ国防総省は、1枚の不鮮明な写真を公表し「これがステルス戦闘機F-117である」と発表したのです。写真を公表した理由については「これまでは夜間が主体だったF-117の試験飛行や訓練飛行を、今後は昼間にも行うようになって、人目に触れる可能性が非常に高くなるため」と説明しました。これで一般の憶測は正しかったことが証明されましたが、初飛行から写真公表まで約5年半もの間、秘密を守り続けたアメリカ空軍の保秘管理能力のすごさにも驚かされます。

F-117は**ステルス性だけに特化した戦闘機**であり、レーダーも、超音速飛行能力も、空対空戦闘能力もない近代の戦闘機の概念からかけ離れた機種です。探知装置は赤外線センサーのみで、搭載できる兵器もレーザー誘導爆弾だけですから、戦闘機を示す「F」の任務記号は付いているものの、もはや攻撃機です。

最初に公表されたF-117の写真。多面体の機体を特定のアングルから撮影することで、全体に寸詰まりの機体という印象を与えた。しかし、この少し後にアメリカの航空専門週刊誌『エビエーション・ウィーク&スペース・テクノロジー』誌が、着陸するF-117を真下から撮影した写真を表紙に掲載し、実際には細長い機体であることを知らせた　写真提供：アメリカ国防総省

真正面から見たF-117A。コクピット下には前方監視赤外線装置があり、前部胴体下面には下方監視赤外線装置がある。F-117Aが装備する攻撃用センサーはこれらだけである。空気取り入れ口には細かい網目状のプレートが付けられていて、レーダー波の進入とエンジンからの反射波の放出を防いでいる。これもF-117特有の対レーダー・ステルス対策である

写真提供：アメリカ空軍

3-11 タシト・ブルー

ノースロップの戦場監視航空機

ロッキードとともに、1970年代中期にステルス技術の研究作業契約を得たのが、ノースロップ（現ノースロップ・グラマン）でした。XSTの比較審査ではロッキードが勝利しましたが、ノースロップには引き続き、戦場監視航空機試作機（BSAX※）の研究契約が与えられました。BSAXには、戦場上空での長い滞空時間や、あらゆる角度からの小さなレーダー反射断面積（RCS）を求められ、それを満たす試験機1機の製造契約が与えられました。

こうして完成したのがタシト・ブルー（tacit blue：無言の青）です。タシト・ブルーは、小型のターボファン単発機で、角に丸味を持たせた長方形の胴体に、直線翼と、大きく外に向けて寝かせた尾翼という機体構成でした。1982年2月に初飛行し、評価試験作業期間の1985年までに135回、飛行しました。

これとは別にノースロップには、航空機Bと呼ばれる大型の長距離爆撃機を念頭に置いたステルス機の研究も指示されていました。この航空機Bについてノースロップは、以前から研究・試作していた全翼機形式を提示して了解を得ました。ノースロップが全翼機を提示した背景には、ステルス技術などを使っていないにもかかわらず、特定の角度であれば全翼機はレーダーから消えてしまう特性があることが、過去の飛行試験で判明したからで、この特性が航空機Bにも生かせると考えたのです。

ちなみに航空機Aはステルス性を備えた精密攻撃機で、これはハヴ・ブルーから実用機をつくることによりF-117として結実しました。

※ BSAX：Battlefield Surveillance Aircraft eXperimental

飛行中のタシト・ブルー。直線翼のターボファン単発機で、全幅14.68m、全長17.02m、重量13,608kg、全高3.23mという小型機である。ステルス性も評価されたが、その結果などは明らかにされていない
写真提供：アメリカ空軍

タシト・ブルーのコクピット。当時のコクピット技術や、研究機であり、経費を抑える必要があることを考えると、在来型の計器類を使った極めて常識的なコクピットと言える
写真提供：アメリカ空軍

3-12 全翼機とは何か？

この形になるのは必然といえる

大気中を飛翔する物体が、同じ容積を確保する場合に、その面積を最小化できる形状が**球体**です。同じ容積を最も小さな寸法で実現できる形が球体とも言うことができ、また発生する抵抗も小さい形状です。進行方向に対する抵抗だけで言えば、薄い紙の抵抗が最も小さくなりますが、容積を確保しようとすればどんどん厚みが増し、抵抗も増大していきます。一方、球体は、それ自体では離陸し飛翔を続ける揚力を発生できません。仮に推進装置を付けて前進したとしても、離陸や飛行の維持は不可能で、それを可能にするには、球体に**主翼**を付ける必要があります。球体は、操縦も困難です。現時点では「球体の中に人が入って、その飛行を操縦する技術」は開発されていませんので、球体だけでは操縦された飛行はできず、ほかの航空機と同様に操縦翼面（昇降舵、方向舵など）を備える必要もあります。こうした考えを突き詰めていくと、抵抗を増大させずに内容積を大きくできる形状は、まず円盤形になり、そして全翼機のような形状になっていくのです。

基本的には、飛行中に航空機から発生する抵抗のうち、摩擦抵抗は単純に空気に接する面積に比例するので、球体に近く、表面積が小さくなれば小さくなります。空力抵抗にしても、円盤形にして小翼を付けた全翼機のような形状は、機体構成から無駄なものを極力省いているので小さくなります。なお、こうした全翼機については、旅客機としての可能性も研究されていて、実際に無線操縦の縮尺模型が製造されました。**X-48B**と名付けられたこの機体は、2007年7月20日に初飛行しています。

第二次世界大戦中にドイツが開発したロケット戦闘機メッサーシュミットMe163コメート。垂直安定板を持つので全翼機とは言えないが、太く短い胴体と主翼の組み合わせは、全翼機と同様に少ない抵抗で大きな内容積を確保するという考え方に基づいている。写真はワシントンD.C.にあるスミソニアン博物館のウドヴァー・ヘイジー・センターの所蔵展示機　写真：青木謙知

マクダネル・ダグラスが研究を開始し、合併後はボーイングが作業を受け継いだ無線操縦の全翼機研究機X-48B。将来の効率的な大収容力旅客機が研究テーマだが、既存の空港設備に合致しないことや、緊急時の乗客の脱出など、解決が極めて困難な課題もある　写真提供：NASA

3-13 ホルテンHo229とノースロップN-1M

高度な要求に応えるための設計

胴体と主翼を「溶け込ませる」ことで機体全体を主翼にし、尾翼も一切付けない全翼機という機体構成は、革新的な航空機研究が多数行われていた第二次世界大戦中のアメリカとドイツで、すでに製造されていました。ドイツのものは、ホルテンが開発した**Ho229**ジェット双発戦闘爆撃機です。まず滑空試作機がつくられて1944年3月1日に初飛行しました。続いてユンカース・ユモ004ジェット・エンジンを装備した2号機が、1945年2月2日に初飛行しましたが、その3カ月後の5月2日にドイツが降伏したため、開発は終了しました。Ho229が全翼機となった大きな理由は、飛行中の抵抗を極力減らして、500kg爆弾2発を機内に搭載しつつ、要求された航続距離性能を獲得することにありました。

当時はまだレーダー運用初期の時代ですから、ステルスを考慮したものではありませんでしたが、当時の標準的な双発機と比べてRCSはかなり小さかったと考えられています。

ドイツの降伏後、戦勝国は多くの資料などを獲得し、アメリカが持ち帰ったものの中には、製造途中だったHo229の3号機の胴体もありました。加えて全翼機の研究資料もあり、ノースロップを興し、第二次世界大戦当時にやはり全翼機を研究していたジャック・ノースロップは、それを見てさらに全翼機を追求していくことにしたのです。ちなみに、ノースロップ初の全翼機はピストン・エンジン双発の**N-1M**で、Ho229よりも前の1940年7月3日に初飛行しています。ただ、Ho229が実用機を前提に開発されたのとは異なり、N-1Mはノースロップによる完全な独自研究機で、実用化などは考えられていませんでした。

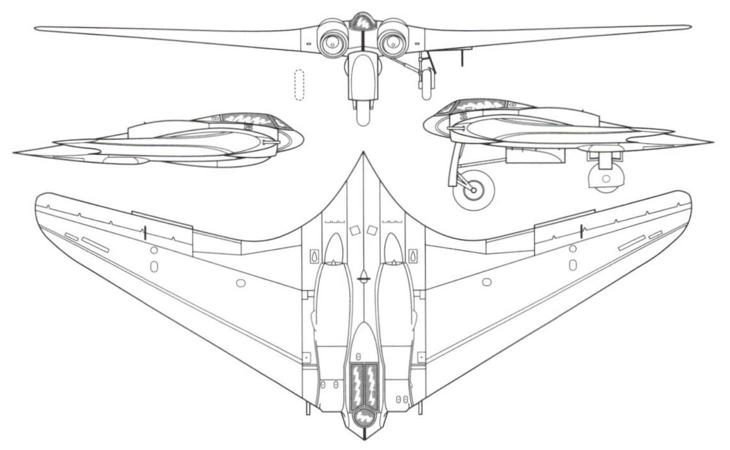

ホルテンHo229の3面図。1人乗りのジェット双発機で、全幅16.76m、全長7.47m、全高2.81m、主翼面積50.2m²という機体寸法だった。「500kg爆弾2発を搭載して、1,000km飛行できる」という要求を満たすために全翼形式の設計となった

プロペラ双発のノースロップN-1M。全幅11.79m、全長5.46m、全高1.50m、主翼面積32.5m²と、Ho229と比べるとかなり小さい。写真はワシントンD.C.にあるスミソニアン博物館のウドヴァー・ヘイジー・センターの所蔵展示機

写真提供：ウィキペディア

3-14 全翼機とステルス

機体の表面積を減らしてRCSを小さくする

124ページで記したように、全翼機という機体構成は、飛行中の抵抗を最小限に抑えつつ、また機体寸法の大型化を招かずに、機内の容積を最大化できるものです。125ページに掲載したX-48Bは、旧マクダネル・ダグラスが研究していたものですが、そのときのデータを少し記します。

ある円筒形胴体を持つ航空機の胴体表面積が2,137m^{2}だった場合、同じ容積の球体から円盤形胴体に変形すると表面積は2,044m^{2}となり、4%減らせることになります。前述の円筒形の胴体に主翼を取り付けると全体の表面積は3,252m^{2}になりますが、円盤形胴体の機体は、それよりも20%小さい2,601m^{2}で済むと算出されました。これは、**円盤形胴体自体が追加の揚力を発生できるため、円筒形の胴体よりも主翼を小さくできる**からです。次にエンジンです。通常の航空機設計では主翼の下にエンジンを装着しますが、円盤形にすると機体内にエンジンを埋め込めます。これにより、面積は通常の円筒形で3,623m^2、円盤形で2,712m^{2}となって、その差は約25%になります。さらに、円盤形にしたうえ尾翼を付けなければ、最終形態での表面積は円筒形で4,088m^2、円盤形で2,759m^{2}と、3分の1近くまで減る計算になったとのことです。

もちろん、これまでに記したとおり、RCSは機体の表面積だけでは決まりませんが、**物理的な面積が小さければRCSの低減に貢献**します。特に必然的に大型機になる戦略爆撃機では、機体表面積の縮小も、ステルス性にとって重要な要素なのです。

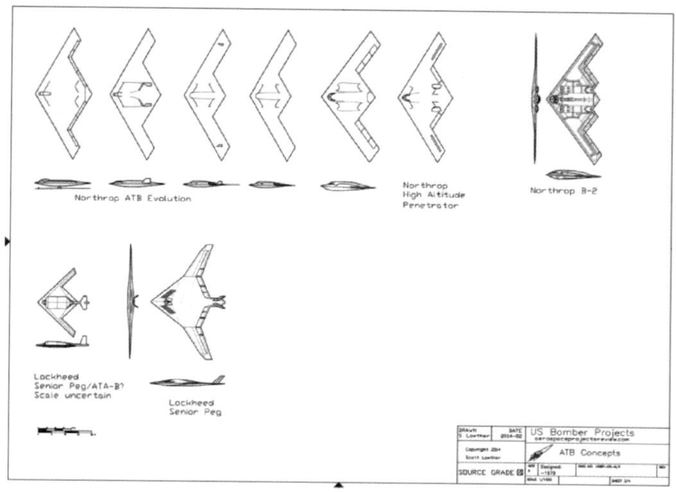

発達技術爆撃機（ATB：Advanced Technology Bomber）の設計で、ノースロップによるB-2の設計案が固まるまでの過程。左下にはロッキード案の図もある。コード・ネームはノースロップ案がシニア・アイス、ロッキード案がシニア・ペグで、書類審査のすえシニア・アイスが勝利した

図版提供：アメリカ国防総省

写真のB-2のような全翼機の利点の1つは、機体表面積を小さくできること。その結果、真上や真下を除く多くの角度からのレーダー照射に対して、RCSを低減できる　写真提供：アメリカ空軍

3-15 ノースロップの全翼爆撃機

ターボジェット・エンジンに換装されたが……

ノースロップ最初の実用的な全翼機が、第二次世界大戦中に開発が開始され、戦後の1946年6月25日に初飛行した爆撃機試作機**XB-35**です。コクピットを主翼内に埋め込んだ完全な全翼機で、4基の星形ピストン・エンジンは主翼後縁に1列に並べて配置され、それぞれが4枚ブレードの二重反転式プロペラを推進式で駆動しました。ただ、飛行中に振動が発生しやすく、上昇率や速度性能、航続力も計画値を下回っていたことなどから、量産試作機のYB-35はつくられたものの（1948年5月28日初飛行）、その後の作業はキャンセルされました。一方、ジェット・エンジンの技術開発が進んだことから、YB-35のエンジンをターボジェット6基に変更して開発作業を続けることが、アメリカ陸軍によって承認されました。こうして、製造途中だったYB-35の2号機のエンジンが換装されて、1947年10月21日に初飛行しました。

基本的にはYB-35と同様の完全な全翼機ですが、翼弦のほぼ全体にわたって細長い**ストレーキ**が付けられ、その最後部には上下に延びた小さな**垂直安定板**（方向舵はなし）を設けるといった変更が加えられています。これがYB-49で、飛行試験開始早々から良好な飛行性能を示していました。しかし、1948年1月13日に初飛行した2号機は、6月5日に墜落事故を起こしてしまいます。それでも、1950年3月15日に初号機による飛行試験が再開されることになったのですが、その日の高速タクシー試験で前脚が壊れ、その後、機体も地面にぶつかって大破してしまいました。この一連の事故でYB-49の試験は打ち切られることになり、ノースロップの全翼爆撃機は、どちらも量産には至らなかったのです。

飛行試験支援作業用に改造されたボーイングB-17Gの随伴を受けて飛行試験を行うYB-35。大型の4発全翼爆撃機という斬新な機体だったが、飛行特性や飛行性能は落第点で、開発作業はすぐに中止された　写真提供：アメリカ空軍

黒煙を曳いて離陸するYB-49。飛行性能などはよかったものの、当時の機力式操縦装置では全翼機の操縦が極めて難しいことも指摘され、全翼機の実用化はコンピューター制御の操縦装置であるフライ・バイ・ワイヤの実用化まで待たなければならなかった　写真提供：アメリカ空軍

3-16 ノースロップB-2スピリット

高いステルス性は機体価格も跳ね上げた

122ページで記したように、大型の長距離爆撃機を念頭に置いたステルス機となる航空機Bの研究は、ノースロップが指名されました。この作業には発達型戦略侵攻航空機（ASPA※1）という計画名が付けられましたが、具体的に機体を開発する段階に入ると発達技術爆撃機（ATB※2）と名称が変更され、そのまま1980年10月22日の「ステルス爆撃機の開発作業を行っている」との発表へとつながりました。

機体名称がB-2であることは、B-1Bに続くものであることから当初から明らかでしたが、それがどのような形状なのかは長い間わからず、世界各国の専門家がイメージをふくらませた結果、無数の想像図が氾濫しました。

それに終止符が打たれたのが1988年4月21日で、アメリカ国防総省が「B-2である」として、全翼機のイラストを公表したのです。ちなみに、120ページで記したように、F-117の存在と写真が公表されたのも同年12月10日でしたので、この年をもってステルス機の形状論争は幕を閉じることになりました。

B-2は全翼機の特性にエッジ・マネージメント、レーダー波吸収素材、レーダー波吸収構造を組み合わせることで高いステルス性を実現しました。ただ、それを維持するには外板のコーティングを常に良好な状態に保つという整備作業などへの負担も生じています。また、各種のステルス技術の導入が機体価格を押し上げ、1機約7億3,700万ドル（1993年のレートで約844億円）にもなってしまい、100機の調達計画は21機へと大幅に削

※1　ASPA：Advanced Strategic Penetration Aircraft
※2　ATB：Advanced Technology Bomber

減され、生産を終了しました。B-2の初号機は1989年7月17日に初飛行して、1997年4月に就役を開始しました。

1988年4月21日にアメリカ国防総省が発表したB-2のイラスト。B-2が全翼機であることは、このとき初めて判明した。ちなみにB-2の全幅は52.43mで、これはYB-49と同じだが、偶然の一致と見るのが主流である
画像提供：アメリカ国防総省

B-2の実用化を可能にしたのはコンピューター制御のフライ・バイ・ワイヤ操縦装置のおかげである。全翼機を追い求め続けたジャック・ノースロップは1981年2月18日に逝去しており、B-2が飛行し、実用化された姿を目にすることはできなかった
写真提供：アメリカ空軍

3-17 ノースロップYF-23

ステルス性は高かったが、運動性や速度は落第

アメリカ空軍は1985年9月にF-15イーグルの後継となる制空戦闘機について、**発達型戦術戦闘機（ATF※）**計画として、航空機メーカー7社に機体案の提示を求めました。ATFにはいくつもの画期的な能力が必要とされ、当然、高いステルス性も含まれていました。担当企業の選定は、まず提案の中から2社に絞り込み、それぞれに評価機を製造させ、比較飛行審査を行うこととされました。各社が提案しましたが、絞り込みで残ったのはステルス機の開発で実績と経験のあるロッキードとノースロップの2社で、前者の機体にYF-22、後者の機体にYF-23の名称が与えられました。

YF-22はどちらかといえば一般的な機体形状でしたが、**ノースロップのYF-23はかなり斬新な設計**でした。主翼は前縁後退角と後縁前進角を等しくした菱形翼を装備し、胴体最後部の2枚の垂直安定板は外側に大きく傾けられていました。エンジンの空気取り入れ口は主翼付け根部の下面にあり、排気口はB-2と同様に後部胴体上面に配置されています。YF-23の初号機は1990年8月27日に初飛行して、2号機や2機のYF-22もそれを追って相次いで飛行し、比較飛行審査が開始されました。

この評価でYF-23は「対レーダーや対赤外線などのステルス性ではYF-22よりも優れている」とされました。しかし「運動性や速度などの各種性能はYF-22にかなり劣っている」との評価で、**戦闘機としての総合評価ではYF-22に軍配が上がり、1991年4月23日にATFとしてロッキードF-22の採用が発表**されました。後にノースロップは、空軍にYF-23を基にした爆

※ ATF：Advanced Tactical Fighter

撃機の開発を提案しましたが、受け入れられませんでした。

真上から撮影されたYF-23。きれいな菱形をした主翼や、大きく傾けられた尾翼、後部胴体上面のエンジン排気口など、設計上の特徴がよくわかる。ノースロップは1980年代初めに、ドイツのドルニエと共同でヨーロッパ将来戦闘機を研究し、YF-23のものほど完全な形状ではないものの、ND-102と呼ばれる菱形翼を用いた戦闘機案を発表している　写真提供：アメリカ空軍

斜め後方から見たYF-23。エンジン排気口をこのような配置にしたため、YF-22が装備した排気口の偏向機構を装備できなかった。これが運動性の評価が低かった一因とも言われている
写真提供：アメリカ空軍

3-18 ロッキード・マーチン F-22ラプター

RCSはF-22より小型のF-35以上に小さい

前項のとおりアメリカ空軍のATFにはロッキード（現ロッキード・マーチン）の提案機が選ばれ、F-22ラプターとして装備されることになりました。YF-22は極めて完成度が高く、量産型F-22の開発にあたっての設計変更はごくわずかでした。最初の量産機となる技術および製造開発（EMD※）機の製造もスムーズで、初号機は1997年9月7日に初飛行しました。EMD機は空軍での各種試験作業に用いられ、ほぼ完了した2003年9月には部隊配備機（訓練部隊向け）の納入も開始されました。実戦部隊で、限定的ではあるものの作戦能力が承認されたのは2005年12月でした。

F-22も高度なステルス技術を用いて製造されており、特にレ

ヨーロッパの新世代戦闘機であるイギリス空軍のユーロファイター・タイフーンFGR.Mk4（中央奥）、フランス空軍のダッソー・ラファールC（右）と編隊飛行するF-22A。F-22はステルス性の点でもこの2機種を大きく引き離している

写真提供：アメリカ空軍

※ EMD：Engineering and Manufacturing Development

ーダー波吸収構造（RAS）を積極的に用いることで、F-35（同じ第5世代戦闘機でF-22より小型）よりもRCSが小さいとされています。一方、このRASの使用が、B-2と同様に**機体価格を上昇させた要因の1つ**と言われています。F-22の機体単価は、量産開始時で約2億800万ドル（約228億8,000万円）、量産が進んだ2009会計年度でも約1億5,000万ドル（約165億円）になってしまいました。このためアメリカ空軍はF-22についても装備機数を削減しなくてはならなくなり、当初計画していた750機の調達は段階的に削減され、187機（EMD機9機を含む）を製造後、2011年12月13日に生産を終了しました。

F-22の部隊配備はアメリカ国内（アラスカ州とハワイ州を含む）に限定されていますが、日本など海外への展開飛行は何度も行われています。その最初の例が2007年2月18日に行われた、嘉手納基地（沖縄県）への展開です。

空中給油機に接近するF-22A。主翼と水平安定板の前縁、翼端、後縁や空気取り入れ口開口部の縁などに、レーダー波吸収構造が適用されていると言われる

写真提供：アメリカ空軍

3-19 ボーイングX-32

ユニークな機体は高い取得性とステルス性の賜

アメリカ国防総省は1996年3月に、研究を進めてきた**統合打撃戦闘機**（**JSF**[※1]）計画について、航空機メーカーに正式な提案を要求しました。JSFはアメリカ空軍のF-16とA-10、アメリカ海軍のF/A-18、アメリカ海兵隊のF/A-18とAV-8Bを、1つの基本設計機で置き換えるもので、要求される作戦能力と高いステルス性を有することに加えて、**アフォーダビリティ**（**取得性**）が極めて重視されました。各軍が求める能力にはそれぞれ特徴があり、空軍は通常の陸上基地から運用する通常離着陸（CTOL[※2]）機を、海兵隊はAV-8B同様の短距離離陸垂直着陸（STOVL[※3]）機を、海軍は空母から運用する艦上型（CV[※4]）機を求めました。

JSFの開発メーカーの選定は、書類審査の後、概念実証段階（CDP[※5]）に進む2社を決め、それぞれ2機ずつのCDP機をつくり、飛行比較評価で1社に決めるという手順でした。CDP作業で、3タイプ必要なところを2機しかつくらないようにしたのは、1つの基本設計で3タイプの製造が可能なことを証明するためで、アフォーダビリティを示す「肝」でもありました。さらに各タイプで製造企業を分けるのではなく、勝利した1社が3タイプすべてを製造する**勝者の総取り方式**とすることも決まりました。これも、アフォーダビリティを考慮してのことです。

CDPに進むことになったのはボーイングとロッキード・マーチンの2社で、前者の機体にX-32、後者の機体にX-35の名称が与えられました。最初に初飛行したのはX-32のCTOL型であるX-32Aで、2000年9月18日に進空しました。続いて2001年3月

※1　JSF：Joint Strike Fighter
※2　CTOL：Conventional Take-Off and Landing
※3　STOVL：Short Take-Off and Vertical Landing

29日にはSTOVL型のX-32Bが初飛行し、CV型に求められた能力については、X-32Aをそのまま使って実証するとしました。

胴体側面の兵器倉を開き、AIM-120 AMRAAM空対空ミサイルを見せて飛行するX-32A。近年の戦闘機としてはかなりユニークな外形をしているが、「アフォーダビリティとステルス性を追求したらこの形状になった」とボーイングは説明していた　写真提供：アメリカ国防総省

ホバリングするX-32B。エンジンの排気口を、推進用の真後ろ方向とSTOVL用の真下方向にして組み合わせる「ダイレクト・リフト（直接持ち上げ）方式」を採用したのが特徴である。写真では胴体下面の排気口がよく見える　写真提供：アメリカ国防総省

※4　CV：Carrier Variant
※5　CDP：Concept Demonstration Phase

3-20 ロッキード・マーチンX-35

空軍、海兵隊、海軍への導入が決定

ロッキード・マーチンはCDPの作業について、まずCTOL型のX-35Aを製造して飛行試験し、必要な作業を終えたらSTOVL型のF-35Bに改造してSTOVL能力の確認などを試験することにしました。CV型は別途F-35Cを製造して飛行試験を実施しますが、F-35AからF-35Bへの改造で問題が生じたときのために、F-35CもF-35Bに改造できるようにされていました。こうしてX-32、X-35ともに2機のCDP機で3タイプの飛行能力を実証できることになりました。

X-35の初号機X-35Aは2000年10月24日に初飛行して、11月27日までCTOL型関連の試験を行い、その後、F-35Bへの改造に入りました。F-35Bとしての初飛行は2001年6月23日で、

X-35Aを改造してつくられたX-35B。回転式エンジン排気口とコクピット直後のリフト・ファンによりSTOVL能力を獲得している。回転式エンジン排気口は、旧ソ連のヤコブレフYak-141“フリースタイル”用に開発されたものの特許を取得して、X-35Bに用いた。この排気口は量産型F-35Bでも使われている

写真提供：アメリカ国防総省

ホバー・ピットと呼ばれるホバリング試験場から初浮揚し、これが初飛行日として記録されています。またX-35Cの初飛行は、それよりも前の2000年12月16日でした。X-32とX-35の飛行評価は2001年8月まで続けられ、その後、審査に入りました。

勝者が発表されたのはその年の10月26日で、ロッキード・マーチンがF-35として3タイプのF-35A/B/Cすべてを開発・製造することとなったのです。評価としては「ロッキード・マーチンのほうが総合的に勝っており、ステルス性や戦闘攻撃機として高い能力を発揮できる」とされました。対するボーイングの設計は「量産機では水平安定板を追加する予定」とされるなど今後の変更点が多く「アフォーダビリティを満たさない」とされました。また、より大型のレーダーなど能力の高い電子機器を搭載できる機内スペースに余裕がない点なども評価を下げました。ステルス性については、これまでのところ明らかにされていません。

CV型としてつくられたX-35C。機体形状はX-35Aとほとんど同じだが、より低速の着艦進入速度要求を満たすために、主翼や尾翼が大型化されている。X-35Aと同様に、X-35Bへの改造の可能性を見越して、コクピット直後の胴体内にリフト・ファンの収納スペースが設けられている

写真提供：アメリカ国防総省

3-21 ロッキード・マーチン F-35ライトニングII ①

着々と進む実戦配備

前項で記したとおりJSF計画では、ロッキード・マーチンが担当企業に選ばれてF-35の開発・製造に入りました。X-35は**最初から量産型への移行を強く意識**してつくられており、量産型での大幅な設計変更はありませんでした。目に見える大きな変更点としては、F-35Bの胴体上面にあるリフト・ファンの空気吸入扉が、折れ曲がり式で開閉したのに対し、F-35Bでは後ろヒンジ式の大きな1枚扉になったという点がありますが、その程度でした。

F-35の量産仕様機では、まず13機のシステム開発および実証機がつくられました。内訳は、全タイプの共通要素を確認するために用いられるCTOL型のAA-1が1機、F-35Aが4機、

アメリカ空軍のF-35A。F-35はA-10とF-16の後継機となり、F-22やF-15などとともに活動していくことになる。F-22とF-35の組み合わせは、第5世代戦闘機のハイ・ロー・ミックスである

写真提供：アメリカ空軍

F-35Bが5機、F-35Cが3機です。各初号機の初飛行は、AA-1が2006年12月15日、F-35Aが2009年11月14日、F-35Bが2008年6月11日、F-35Cが2010年6月6日でした。また、各タイプともすでに部隊配備が始められていて、訓練部隊が編成されているほか、海兵隊は2015年7月31日にF-35Bについて、空軍は2016年8月2日にF-35Aについて、それぞれ初度作戦能力（IOC※）を承認しました。IOCとは、完全な作戦能力はないものの限定的な作戦能力を認定し、戦力として組み込める態勢になったことを認めるものです。また、F-35CのIOC取得は2018年8月が目標にされています（猶予期間は2019年2月）。また、F-35はこれまでにイギリス（○）、イタリア（○）、オランダ（○）、トルコ、オーストラリア（○）、ノルウェー（○）、デンマーク、イスラエル（○）、日本（○）、韓国が導入を決めています。（○）は、引き渡しが開始されている国です。

オランダ空軍向けのF-35Aの1番機。今のところF-35を受領した各国は、国籍マークを低視認性パターンで描いている。オランダ空軍の正式な国籍マークは小写真のものだが、F-35ではグレーの濃淡になっている

写真提供：アメリカ空軍

※ IOC：Initial Operation Capability

3-22 ロッキード・マーチン F-35ライトニングII ②

〜低コストになったステルス技術も採用

3-19で記したように、F-35が誕生する基となったJSF計画では、調達を容易にし、就役期間の経費を抑えるアフォーダビリティが重要視されました。過去の計画（F-22など）でコストが上昇したため、装備機数が削減されたことを教訓として、同じ轍を踏まないようにするためです。とはいえJSFは、F-22に続く2機種目の第5世代戦闘機を目指したものですから、高いステルス性を有することも同時に求められました。

F-22とF-35の開発時期には10年程度の開きがあります。この間に戦闘機用の各種の技術は発展を続けており、ステルス技術も例外ではありません。このためF-22では機体が高額になるのを承知のうえで用いていた技術の中には、より経済的に取り

空母ジョージ・ワシントンで艦上運用の開発試験を行うF-35C。F-35Cの艦上運用開発試験は、2016年8月までに、三次に分けて実施されている

写真提供：アメリカ空軍

入れられるようになったものもあり、F-22のレベルには達しないものの、かなり安価に満足のいくステルス性を達成できる技術も出てきました。ロッキード・マーチンはそれらを取り入れることで、高レベルのステルス性とアフォーダビリティの両立に挑んだのです。

F-35独特のステルス技術としてはアウターモールド・ライン・コントロールがあります。これは機体外板の継ぎ目に生じる溝などのラインを、レーダー波吸収剤により外からふさぎ、溝や隙間でのレーダー反射を防ぐものです。もともと製造段階で外板などはピッタリと合わされますが、小さな隙間や溝を完全になくすことはできません。そこで、さらに目張りをするのです。F-35の写真を見ると機体の継ぎ目などの部分の色がはっきり変わっているのがわかりますが、これはアウターモールド・ライン・コントロールによるものです。この手法はB-2でも一部に取り入れられています。

アメリカ海兵隊VMFAT-501“ウォーローズ”所属のF-35B。フロリダ州のエグリン空軍基地で飛行訓練中のもの。引き渡し開始当初、海軍と海兵隊は空軍とともにエグリン空軍基地に訓練部隊を置いて乗員や整備士を養成していた　写真提供：アメリカ空軍

3-23 ノースロップ・グラマン B-21レイダー

B-52HやB-1Bの後継となるのか?

アメリカ国防総省は2015年10月に、空軍の次期戦略爆撃機となる長距離戦略爆撃機計画における長距離打撃爆撃機（LRS-B[※1]）の開発担当企業にノースロップ・グラマンを指名したことを発表し、同月15日に開発契約を与えました。B-2に続く爆撃機なので本来ならB-3となるはずですが、21世紀最初の爆撃機ということで、制式名称は例外的にB-21となりました。

LRS-Bに対してはノースロップ・グラマンの他に、ボーイングとロッキード・マーチンがチームを組んで共同開発機案を提示していましたが、B-2の流れをくむ全翼機を示したノースロップ・グラマンが勝利しました。ボーイングとロッキード・マーチン・チームの機体案がまったく不明なので書きようもありませんが、B-2で実績のある全翼機のほうが手堅く、開発や製造のコストも抑制できると考えられたようです。LRS-Bにどのような能力が求められているかは不明ですが、戦略爆撃機としての能力以外に、インテリジェンス・監視・偵察（ISR[※2]）機能を持つ多用途任務機能力が要求されていると見られます。もちろんB-2ゆずりの高いステルス性は維持され、さらに新しい技術が適用されるかもしれません。

B-21の初飛行や配備開始時期などの具体的なスケジュールは、まだ発表されていませんが、アメリカ空軍は2020年代中期の実用就役を希望しており、現用中のB-52H 3個飛行隊の機種更新分として80～100機程度の装備を考えていると言われます。さらに機体価格や運用コストによっては、65機を戦力化してい

※1　LRS-B：Long Range Strike Bomber
※2　ISR：Intelligence, Surveillance, and Reconnaissance

るB-1Bの後継機としても採用して、現在の戦略爆撃機戦力を維持できるようにする案もあると伝えられています。

B-21としてアメリカ国防総省が発表した想像図。B-2同様の全翼機だが、エンジン空気取り入れ口と排気口に違いがある。もちろん、今後変わる可能性は十分にある。機体はB-2より小型の4発機になるとみられている
写真提供：アメリカ国防総省

空中給油のためKC-135に接近するB-2。この全翼形式のステルス爆撃機が高い評価を獲得していることは、この機体形状がB-21に受け継がれたことを証明していると言えよう
写真提供：アメリカ空軍

3 column

アメリカの次世代戦闘機

F-22の後継戦闘機はどうなるのか？

F-35の開発作業が最終段階に入ったアメリカでは、F-22の後継機となる空軍向けの次世代戦闘機の研究が始められています。次世代航空支配（NGAD※）プログラムと名付けた研究からどのようなものが誕生するのかはまったくわかりませんが、第5世代戦闘機の大きな特徴である高いステルス性、ネットワークへの接続性、広範囲の交戦能力などを、さらに推し進めたものになると考えられます。ただ、その姿を目にするまでには、まだ20〜30年の期間を要するかもしれません。

NGADの機体案とされる想像図。F-22に決まったATF計画の際も、実際にプログラムがスタートする前にはメーカー各社がさまざまな想像図を発表していた。そのことからも、この機体形状がそのままNGADとなるとは限らない　写真提供：ロッキード・マーチン

※ NGAD：Next Generation Air Dominance

4

第4章
ステルス機と実戦

多くの実際の戦争において
投入されたステルス機の、
投入された背景や成果を解説します。

4-1 F-117の初陣 パナマ侵攻①

「ジャスト・コーズ(正当な理由)」作戦

世界初の実用ステルス戦闘機F-117の実戦投入といえば、1991年の湾岸戦争が有名です。しかし、F-117はそれよりも前の1989年から1990年にかけてアメリカが実施したパナマ侵攻で使用されました。パナマ侵攻における「ジャスト・コーズ(正当な理由)」作戦が本機種の実戦デビューだったのです。

パナマは1980年代を通じてマヌエル・ノリエガ将軍が完全に掌握し、軍部による独裁体制を築いていました。加えて、パナマは麻薬の密売を国家の資金源としていることが明らかになり、アメリカは「ノリエガ将軍自身がアメリカへの麻薬輸出とマネーロンダリングに関与している」との疑いを強めていきました。そして1989年12月には、パナマ軍がパナマにあるアメリカ軍施設に侵入し、アメリカ軍人を殺害・暴行する事件が発生するようになりました。これを受けて当時のブッシュ米大統領は、在パナマ・アメリカ人の保護を名目に、軍事作戦の遂行を承認しました。これが「ジャスト・コーズ」作戦で、最終的な目標はノリエガ将軍の身柄確保とパナマからの排除にありました。作戦は、現地時間1989年12月19日に開始され、航空攻撃戦力の主体として、**空軍からはF-117Aが、陸軍からはAH-64Aアパッチが投入された**のです。

作戦の目的からも明らかなように、活動の主体は地上で展開されました。パナマとアメリカでは軍事力に大きな差があり、アメリカ陸軍はすぐにパナマ全土を制圧・掌握し、ノリエガ将軍を捜索しました。ノリエガ将軍は追跡を振り切ってバチカン大使館に逃げ込みましたが、バチカンとアメリカの合意により身柄は1990年3月にアメリカに引き渡されて、裁判にかけられました。

GBU-16ペイヴウェイⅡレーザー誘導爆弾を連続投下するF-117A。「ジャスト・コーズ」作戦当時、その規模や目的に合い、レーザー誘導爆弾によるピンポイント爆撃能力を持つ唯一の作戦機がF-117Aだった。この作戦はF-117が使用された最初の実戦だった　写真提供：アメリカ空軍

F-117Aの胴体内兵器倉に装着されたGBU-27ペイヴウェイⅢ。ガラスのシーカー・ドームが大きくなり先端部が固定式になったのがペイヴウェイⅡからの改良点である。ペイヴウェイⅡ/Ⅲともに、F-117が運用できる唯一の兵器であった　写真提供：ウィキペディア

4-2 F-117Aの役割 パナマ侵攻②

買われたのはピンポイント爆撃能力

「正当な理由」作戦初日の1989年12月19日、第49戦術戦闘航空団第415戦術戦闘飛行隊に所属する8機のF-117Aが、部隊の配備基地であったネバダ州のトノパ・レンジを離陸しました。パナマに向かうよう指示されていたのはこのうちの6機で、2機は機体にトラブルが発生したときに交代する予備機でした。実際には何も問題は発生せず、6機はそのままパナマに向かい、2機はしばらくしてトノパ・レンジに帰投しています。

こうしてF-117Aが初めて実戦に投入されましたが、その任務は**レーザー誘導爆弾による精密攻撃**でした。パナマはレーダーによる高度な防空警戒網などは有していなかったので、高いステルス性は必要ありませんでした。しかし、当時アメリカ空軍の作戦機で効果的にレーザー誘導爆弾を使用できる機種は、F-117A以外だと可変後退翼の戦闘爆撃機F-111Fだけでした。F-111Fは、1986年4月の「エルドラド・キャニオン（エルドラド峡谷）」作戦で、レーザー誘導爆弾によるリビアへの精密爆撃を成功させるという実績がありました。ただ、F-111Fの配備基地がヨーロッパであったこと、作戦活動規模が大きくなりすぎることなどから、F-117Aが使われることになったのです。

目標は軍事施設内の建造物が主体でしたが、全面的な戦争ではないため、軍とは無関係のもの（民間施設など）への被害を出さないよう、**高レベルのピンポイント攻撃能力が最重要視された**のです。そして、実際の作戦規模に見合ったクラスで、そうした能力を備えていた機種がたまたまF-117Aだった、というだけなので、この作戦からは実戦におけるステルス性の効果といったデータを得ることはできませんでした。

「正当な理由」作戦当時、F-117Aを装備していた部隊は第49戦術戦闘航空団で、ネバダ州の砂漠地帯中央にあるトノパ・レンジをホームベースにしていた。一般の居住地区から遠く隔離されたこの基地は、秘密の試験や訓練には格好の基地で、F-117Aには打ってつけだった。写真はトノパ・レンジのエプロン地区をタキシングするF-117A　写真提供：ロッキード・マーチン

4-3 湾岸戦争でのF-117 ①

12機のF-117がサウジアラビアに展開

1990年8月1日、イラクが隣国のクウェートに全面的な軍事侵攻を行い、首都のクウェート・シティを制圧するとともに全土を掌握し、「支配下に組み込んだ」と宣言しました。

国際社会は当然、こうした武力での占領を認めることはできず、国連は何度かにわたってイラクに撤退と侵攻前の状態への復帰を勧告する決議を行いました。この決議では、イラクが決議に従わない場合は武力を行使してでもイラクを撤退させることが可能とされていたので、アメリカはそのときに備えて、大量の軍を湾岸地域の周辺諸国に展開しました。これが「**砂漠の盾**」作戦です。

「砂漠の盾」作戦では、空軍の各種作戦機のほか、海軍の空母もペルシャ湾などに展開しました。こうしてアメリカ軍作戦機のほとんどが中東に終結し、F-117も、もちろんその中に含まれ、第37戦術戦闘航空団所属の12機が、配備基地のネバダ州トノパ・レンジからKC-135Qの空中給油支援を受けて、サウジアラビアのカミス・ムシャイト基地に展開しました。

ちなみに「砂漠の盾」作戦発令時に中東に展開しなかった主力機種は、B-52とB-1Bの2機種の爆撃機だけです。B-52は極めて大型の機体なので受け入れできる基地がすぐに見つからなかったためで、B-1Bはその直前にエンジン・トラブルで緊急着陸する事象がわずか2カ月の間に立て続けに発生し、全機のエンジンを点検することになり、飛行停止措置がとられていたためです。B-52は湾岸戦争が始まるとイギリスを拠点に活動しましたが、B-1Bは戦争の終結まで飛行停止が解除されなかったので、作戦活動には一切加わりませんでした。

ネバダ州トノパ・レンジから展開した第37戦術戦闘航空団のF-117Aは、全機がサウジアラビアのカミス・ムシャイト基地を拠点にして活動した。多くの事項が機密扱いだったF-117の展開先は、イスラエルを除くと、中東諸国の中で最高の親米国であるサウジアラビアしか考えられなかった。写真はカミス・ムシャイト基地で発進前の点検を受けるF-117A　写真提供：アメリカ空軍

4-4 湾岸戦争でのF-117②

バグダッド市内の軍中枢部をピンポイント爆撃

イラクは、国連がクウェートからの撤退期限とした1991年1月16日になってもその決議に一切従わず、クウェートを占拠し続けました。このためアメリカを中心とする多国籍軍は、イラクに対する軍事作戦を開始しました。これが**湾岸戦争**で、多国籍軍にはアメリカのほかクウェート、イギリス、カナダ、フランス、イタリア、サウジアラビア、バーレーン、カタール、アラブ首長国連邦が、実際に航空機による作戦を実施するなどして加わり、その他にも多くの諸国が支援活動などで参加しています。トルコは湾岸諸国と同様に、航空基地を提供しました。

なお、アラブ諸国と対立関係にあるイスラエルが参加すると政治的な問題を引き起こし、さらに混乱が拡大するとして、アメリカが参戦しないよう説得しました。**イスラエルと他の湾岸諸国の関係は、湾岸戦争における「アキレス腱」**とも思われていました。ところがイスラエルは戦争中にイラク軍のSS-1“スカッド”弾道ミサイルによる攻撃を受けました。しかしアメリカの依頼があったことから一切反撃せずに沈黙を保ったのです。これにより湾岸戦争の複雑化が回避され、アメリカはこのイスラエルの「忍耐」への謝意として、戦後にF-16A/B 50機を寄贈しています。

湾岸戦争は各国が独自に作戦名を付けていますが、アメリカ軍の作戦名である「**砂漠の嵐**」が広く知られていて、湾岸戦争=「砂漠の嵐」作戦が定着しています。この作戦でF-117は、展開地であるカミス・ムシャイト基地を拠点に、堅固な防空態勢

※1　RCS：Radar Cross Section

が敷かれていたイラクの首都バグダッド市内へのピンポイント爆撃を主任務としました。

目視発見を避けるため、ステルス性を有するF-117でも作戦行動の主体は夜間のミッションとなった。写真では2機のF-117Aがカミス・ムシャイト基地の滑走路端で夜間の出撃準備を整えている

写真提供：アメリカ空軍

F-117の攻撃目標は、堅固な防空網で取り囲まれたバグダッド市内にある軍の中枢部に限定された。このためミッション飛行時間は長くなり、空中給油は必須の支援だった。写真ではF-117の胴体背部に設けられた受油口にKC-135Qのブームの先端が入っている

写真提供：アメリカ空軍

4-5 湾岸戦争でのF-117 ③

最も危険な任務だったが損害はなし

多国籍軍による湾岸戦争最初の攻撃は、アメリカ陸軍のAH-64Aがイラク西部にある2カ所の早期警戒レーダー・サイトに行ったものでした。時間的にはこの攻撃がイラクに与えた最初のダメージですが、ほぼ同時にさまざまな攻撃が開始されています。

湾岸地域から遠く離れたアメリカからも、国内の基地を発進したB-52が長時間飛行して湾岸地域に接近し、開戦時間とほぼ同時に、AGM-86C通常弾頭巡航ミサイルを発射しました。7機が35発の巡航ミサイルを発射したこの活動は、「**秘密のリス**」と名付けられていました。

イラク上空では、まず電子妨害機と敵防空制圧機がイラクの防空警戒システムを無力化し、打撃パッケージの目標への進出を可能にしました。アメリカ空軍のF-15EやF-16、イギリス空軍のトーネードGR.Mk1が、指定された目標を次々に攻撃して破壊し、F-117もバグダッド市内の指揮統制所などの重要な軍事目標に、精密誘導兵器を命中させました。

これらの精密誘導兵器は、テレビやレーザー、赤外線といった光学装置で誘導され、その目標指示装置や兵器に付いているセンサーの画像が搭載機に記録され、多数公表されました。これは**兵器の命中精度を喧伝することが目的**でしたが、「テレビゲームのようで現実味がわかず、戦争の本質的な問題が隠されてしまう」という指摘も出ました。

F-117は、約1カ月半の戦争期間中に7,000時間以上の飛行で、約2,000回出撃しました。そのほとんどはバグダッド市内という最も危険な地域での活動でしたが、1機の喪失も出ませんでした。

カミス・ムシャイト基地で発進準備中のF-117。コクピット脇には投下したペイヴウェイ・レーザー誘導爆弾の数が描き込まれている
写真提供：アメリカ空軍

アメリカ国内での訓練飛行で、GBU-27ペイヴウェイⅢを投下したF-117A。GBU-27は、Mk84 2,000ポンド（907kg）爆弾をベースにしたGBU-24の改良型で、F-117の兵器倉に収まるよう小型化し、強力な貫通弾頭が使用されている。この爆弾は湾岸戦争で初めて使用された
写真提供：アメリカ空軍

4-6 湾岸戦争でのF-117 ④

ステルス機+精密誘導兵器で戦力を最小化

湾岸戦争におけるF-117の使用は、世界中にステルス戦闘機の価値を知らしめることになりました。イラクの防空組織はF-117をレーダーでまったく捕捉・追跡できず、バグダッド市内上空への侵入を許して、目標への攻撃を成功させてしまったのです。これはもちろん、高いステルス性のなせる技です。

アメリカ国防総省の研究では、このときのF-117 8機による攻撃と同じ成果を、非ステルス機の組み合わせで犠牲を出さずに成し遂げるには、まず防空網への電子妨害を行うEF-111が4機と、地対空ミサイルなどを制圧する攻撃機F-4Gが8機必要で、それらにより防空組織を破壊した後に、攻撃本体のF-15EとF-16が計32機必要だったとされています。さらに、これが長距離ミッションであれば空中給油機の支援が必要になり、F-117・8機の支援であれば2機の空中給油機でまかなえるものの、大量のEF-111、F-4G、F-15E、F-16の支援であれば15機が必要になったと試算しています。このことは、**ステルス機と精密誘導兵器の組み合わせは、投入する戦力**

の最小化を可能にし、効率的な作戦運用を実現できることを示した、とアメリカ国防総省は表明しました。

湾岸戦争の全期間におけるF-117のミッション数は、アメリカ空軍機全体のわずか2.5%でした。これは、機数が圧倒的に少なかったためですが、それでも開戦から最初の24時間だけで指定された目標の31%を攻撃していて、イラク軍が弱体化する前に重用されていたことがうかがえます。何よりも**バグダッド市内の中心部を攻撃した唯一のアメリカ軍戦闘機**という事実が、ステルス性の重要さを裏付けたと言えるでしょう。

カミス・ムシャイト基地における第37戦術戦闘航空団所属のF-117A。湾岸危機から湾岸戦争にかけての展開時、同航空団は指揮下に第415と第416の2個戦術戦闘飛行隊を擁していて、その所属機36機が全機展開した　写真提供：アメリカ空軍

4-7 湾岸戦争後のF-117

コソボ紛争で初めて撃墜される

湾岸戦争はアメリカにとって、ベトナム戦争からの撤退以来18年ぶりの本格的な実戦の場となりましたが、この間、東西冷戦が終わるなど世界の情勢は大きく変化し、各地で地域紛争が勃発するようになりました。中央ヨーロッパのユーゴスラビアでも、コソボ地区の独立を求めるアルバニア人勢力と、ユーゴスラビア軍およびセルビア人の対立が激化して、1996年には**コソボ紛争**に発展しました。こうした事態に対し北大西洋条約機構（NATO※）は、アルバニア系住民がコソボの自治権を確保・維持できるよう主張しますが、話し合いが決裂したので、ユーゴスラビアに対する航空攻撃作戦の実施に踏み切りました。

「同盟の力」作戦で、前方展開基地に指定されたイタリアのアビアノ基地を、離陸に向けてタキシングするF-117A。ミッションの多くは、こうした夕刻に発進して夜間に目標上空に達し、レーザー誘導爆弾を投下するというものであった　写真提供：アメリカ空軍

※ NATO：North Atlantic Treaty Organization

この攻撃作戦は「同盟の力」作戦と名付けられ、活動に参加したNATO諸国の共通した作戦名にもなっています。湾岸戦争時ほどではありませんでしたが、アメリカも大規模に戦力を投入し、各国海軍も、アメリカ海軍空母を中心に多国籍艦隊を編成して、フランスとイギリス両海軍の空母も加わりました 。

空軍の作戦機では湾岸戦争に続き、F-117もまた投入されました。その任務はレーザー誘導爆弾によるピンポイント攻撃で、このときも高い命中率を記録しています。しかし、174ページで記すように「初めて撃墜される」という不名誉な事態も発生しました。レーダーに捕らえられて撃墜されたのではなく、地対空ミサイルの「まぐれ当たり」による撃墜でしたが、大きな衝撃が走ったことは確かです。この後、F-117はイラクとの最後の戦いとなった「イラクの自由」作戦（2003年3月開始）にも投入され、これが最後の実戦任務となり、2008年4月に退役しました。

「イラクの自由」作戦においてF-15Eを率いて攻撃ミッションに向かう第49戦闘航空団所属のF-117A。このときの目標はバグダッドの南西にあるドラ・ファームズと名付けられた軍事施設だった

写真提供：アメリカ空軍

4-8 B-2の実戦参加① 初陣

中国大使館を誤爆

ステルス爆撃機のB-2が初めて実戦投入されたのは、前項で記した「**同盟の力**」作戦でした。アメリカ空軍の戦略爆撃機は、敵地への核攻撃を任務として開発されており、通常兵器による爆撃は本来の任務ではありません。しかし、通常爆弾を搭載することは当然可能で、必要があればベトナム戦争でのB-52のように、第二次世界大戦時と同じ絨毯爆撃などにも使用できます。B-52はベトナム戦争に続いて湾岸戦争でも、同様の任務で使用されました。

絨毯爆撃は広く一帯を破壊するため、非戦闘員などに大きな被害を与えることが批判されますが、1990年代には爆撃機に精密誘導兵器の搭載能力が持たされるようになり、以前より高精度の爆撃が可能となっています。

B-2も「同盟の力」作戦の前に、攻撃システムにGATS[※1]と呼ばれる全地球測位システム（GPS[※2]）誘導兵器への目標指示機能が持たされ、JDAM[※3] GPS誘導爆弾の使用が可能になりました。JDAMは誘導爆弾で、誘導装置として爆弾に取り付けられているGPSとバックアップの慣性航法装置（INS[※4]）に目標の座標を入力して投下すると、その座標位置に向かって落下していきます。

そして「同盟の力」作戦でさっそくその能力を発揮することになったのですが、1999年5月1日にベオグラードを爆撃した際、**市内の中国大使館にB-2が投下したJDAMが命中**し、29人の死傷者を出すという事態を引き起こしてしまいました。アメリカ

※1　GATS：GPS Aided Target System
※2　GPS：Global Positioning System

はこれについて「誤爆だった」と発表し、その原因として「目標の指示に使った地図が古く、その座標にあった目標のビルが中国大使館になっていたことがわからなかった」と説明しました。

ホームベースのホワイトマン空軍基地（ミズーリ州）で、夜間の飛行訓練を準備する第509爆撃航空団所属のB-2A。初の実戦活動となった「同盟の力」作戦も、すべてが夜間ミッションであった
写真提供：アメリカ空軍

B-2による爆撃ミッションは、アメリカ本土からのものはもちろん、前方基地に展開して実施する場合でも、必然的に長距離ミッションとなる。写真は長距離飛行に備えて空中給油機に接近するB-2A。フライング・ブームの安定板に書かれている"434th ARW"の文字から、この給油機が第434空中給油航空団所属のKC-135Rであることがわかる
写真提供：アメリカ空軍

※3　JDAM：Joint Direct Attack Munition
※4　INS：Inertial Navigation System

4-9 B-2の実戦参加②
渡洋爆撃 I

大西洋を横断する長距離・長時間作戦

B-2の初陣は誤爆というほろ苦い結果になりましたが、B-2のステルス能力は「同盟の力」作戦のような戦闘環境では、さほど必要ではなく、無理に作戦に投入する必要はありませんでした。それでもあえて作戦に参加させたのは、B-2によるGPS誘導兵器の運用能力を実際の戦闘で確認するためでした。

その意味では誤爆ではあったものの、指定した目標にJDAMを命中させることができることを実証したので、この目的は達成できたことになります。これにより、以降、通常弾頭の精密誘導兵器を使っての通常戦闘へB-2を投入できるようになったのです。また、アメリカ空軍は2000年代後半、あらゆる作戦航空機に精密誘導兵器の運用能力を持たせる作業を始めましたが、B-2はそれに先んじて、爆撃機では最初にその能力を獲得した機種となりました。

「同盟の力」作戦に続いてB-2が使用された戦闘は、2001年10月7日に開始された「不朽の自由」作戦です。2001年9月11日、アメリカ国内で旅客機を使った同時多発テロが発生しましたが、アメリカはこの首謀者をアフガニスタンで活動しているイスラム原理主義組織アル・カイダのウサマ・ビン・ラディンであると断定して「テロとの戦い」と位置付け、アフガニスタンでの軍事行動を、この作戦名で開始しました。

この作戦でB-2は作戦開始時から投入され、10月5日に重量が約2,100kgもある大型爆弾を1機がGPS誘導で投下しました。このミッションはアメリカ本土のホワイトマン空軍基地を発進し、爆弾投下後はインド洋のディエゴ・ガルシア島に着陸、補給

※ PVI：Pilot Vehicle Interface

を終えたら離陸してホワイトマン空軍基地に帰投するという長時間の渡洋爆撃でした。

ディエゴ・ガルシア島の基地を離陸していくB-2A。同島は「不朽の自由」作戦における大型機の前方展開地である。駐機場には第2爆撃航空団所属のB-52Hが並び、誘導路には空中給油支援を行うKC-135Rがタキシングの列をつくっている　写真提供：アメリカ空軍

ホワイトマン空軍基地で隊列を組み、タキシングする第509爆撃航空団所属の3機のB-2A。「不朽の自由」作戦における前方展開地であるディエゴ・ガルシア島に向けて出発するためである。ターボファン・エンジンで排気ガスは減っているはずだが、大型機だけあって黒煙が出ている
写真提供：アメリカ空軍

4-10 B-2の実戦参加③ 渡洋爆撃Ⅱ

アメリカ本土とリビアを無着陸で往復

B-2は、2003年3月20日に開始された対イラク戦である「イラクの自由」作戦でも実戦投入されました。この作戦では事前に4機がディエゴ・ガルシア島に移動して活動拠点とし、作戦開始後はホワイトマン空軍基地の機体とローテーションで入れ替わりました。後には本土から発進して直接爆撃する渡洋爆撃も27回ありました。この「イラクの自由」作戦期間中の3月29日には、B-52HとB-1BもB-2と同時に活動して、今日のアメリカ空軍戦略爆撃機3機種が揃い踏みした初めての日となりました。

渡洋爆撃で長時間の飛行を記録したのが、2011年3月19日に開始された対リビア戦である「オデッセイの夜明け」作戦でした。B-2は作戦開始初日のミッションで、ホワイトマン空軍基地を発進し、リビアに到達するとJDAMを45発投下し、その後、ホワイトマン空軍基地に戻りました。この往復飛行を無着陸で実施したのです。その飛行距離は約18,150kmで、25時間あまりのミッションでした。

当初、B-2の目標は航空基地の施設でしたが、後にはトリポリにあるカダフィ派の拠点施設も攻撃し、JDAMだけでなくGPS誘導の長距離射程兵器であるAGM-154統合スタンドオフ兵器（JSOW※1）とAGM-158統合スタンドオフ空対地ミサイル（JASSM※2）も使用しました。

なお、アメリカ軍は2014年6月からシリアとイラク国内のイスラム国（DAESH※3）拠点への軍事活動「生来の決意」作戦を

※1　JSOW：Joint StandOff Weapon
※2　JASSM：Joint Air-to-Surface Standoff Missile
※3　DAESH：al-dawla al-Islamiya al-Iraq al-sham

開始（シリアでは9月から）しましたが、2016年11月時点で、この作戦へのB-2の投入は確認されていません。

「オデッセイの夜明け」作戦の初日に、25時間あまりにも及ぶ長時間の渡洋爆撃ミッションを終えて、ホワイトマン空軍基地に着陸するB-2A。こうした長時間ミッションを可能にするためにB-2Aの操縦室の後方には、寝台などを置いた休息区画があり、2人の搭乗員が交代で休憩をとる
写真提供：アメリカ陸軍

「オデッセイの夜明け」作戦期間中、出撃に向けて地上で準備作業中のB-2A。2名のパイロットは、機体下側に出ているはしごを登って乗り降りする。このはしごは折り畳み式で機内に収容される
写真提供：アメリカ空軍

4-11 F-22の実戦投入① 任務

「生来の決意」作戦で爆撃任務と護衛任務を達成

2014年8月7日、国連の安全保障理事会はフランスの発議による「イラクとシリア国内のDAESH拠点に対する軍事作戦の遂行」を承認しました。DAESHはイスラム教原理主義過激派集団で、中東で猛威を振るい、都市の占拠や住民の迫害・虐殺、歴史的文化財の破壊、人質の殺害などを繰り返しています。国連安保理の承認に基づき、まずフランスが、ダッソー・ラファールCとミラージュ2000Dによる爆撃を実施し、翌8日にはアメリカも活動を開始しました。この活動には、参加する有志連合各国が独自に作戦名を付けており、アメリカは「生来の決意」作戦と呼んでいます。

この作戦初日にF-22Aが、F-15EやB-1Bなどとともに爆撃に投入され、これがF-22による初の実戦となりました。F-22はこの半年ほど前、アメリカ本土のティンダル空軍基地からアラブ首長国連邦のアル・ダーフラ基地に移動・展開し、すでに各種の訓練を実施していました。F-22は胴体内の主兵器倉にGBU-32 1,000ポンド（454kg）JDAMを2発搭載し、シリア国内の指揮・統制施設を目標にして夜間に進出し、JDAMを目標に命中させました。また、目標に爆弾を命中させられなかったB-1Bが再度爆撃することになり、F-22はこの爆撃を終えるとB-1Bの空中護衛に駆けつけ、30〜45分の護衛飛行後、アル・ダーフラ基地に帰投しました。

なお、F-22はこの作戦に絶対的に必要な機種ではなく、イラクの防空力を考えればステルス機を投入する必要はありませんでした。しかし、アメリカ空軍は「同盟の力」作戦時のB-2投入

(4-8参照)と同様に「F-22の攻撃力を実戦で試すよい機会」と考え、あえて投入したのです。

F-22最初の実戦活動となった「生来の決意」作戦期間中に、第100空中給油航空団のKC-135Rから燃料補給を受けて目標に向かう、第325戦闘航空団所属のF-22A

写真提供：アメリカ空軍

アメリカ国防総省が発表した作戦初日のF-22の戦果。写真左が爆撃前のDAESHの施設で、写真右が爆撃後の同施設。屋上にある構造物が作戦指揮所と考えられ、JDAMによる爆撃でその部分だけが破壊されている

写真提供：アメリカ国防総省

4-12 F-22の実戦投入② 意義

最強戦闘機として強力な存在感を発揮

アル・ダーフラ基地に展開していたF-22は、「生来の決意」作戦開始から2014年12月までの約4カ月間で100回以上出撃しました。ミッションの多くは**上空警護**でしたが、そのうちの10数回は異なった兵器による攻撃ミッションで、JDAMに加えてGBU-39/B小直径爆弾（SDB※）が用いられていることからも、その活動は試験・評価も目的としていたことがうかがえます。

上空警護の1つがヨルダン空軍のF-16に対する支援でした。ヨルダンは有志連合として当初から活動に参加しましたが、F-16が撃墜され、パイロットが捕虜となってしまいました。このため、DAESHとヨルダンは捕虜交換の話し合いを持ち、ヨルダンは一時的に爆撃活動を停止していました。しかし、パイロットの殺害映像をDAESHがインターネットで公開したことから、2015年2月15日、ヨルダンはDAESHへの爆撃を再開しました。F-22はこれを支援したのです。ただ、自国の領空内で活動されるイラクもシリアも、DAESHに対する航空攻撃については妨害などをせず、有志連合軍の作戦機による領空内飛行を容認しています。したがって、**航空脅威はまったくない**と言ってよく、F-22Aが護衛する必要は特にありません。しかし、アメリカが護衛機としてF-22をわざわざ提供したのは、有志連合軍として航空攻撃作戦に参加し続けているヨルダンに対して**感謝と強い連帯の意を表してのこと**でした。

F-22はその後も、6カ月ローテーションの入れ替わりで、ラングレー－ユースティス統合基地、パールハーバー－ヒッカム

※ SDB：Small Diameter Bomb

統合基地、エルメンドルフ－リチャードソン統合基地の部隊がアル・ダーフラ基地に展開し、活動しています。

空中給油を終えて給油機からブレークしていくF-22A。「生来の決意」作戦ではF-22が本来有している高い能力はまったく必要なかったが、実戦環境下での対地攻撃能力の評価と、有志国連合に参加したアラブ諸国への励ましのため、この最新鋭機が投入された

写真提供：アメリカ空軍

4 column

撃墜されたF-117

貴重なステルス技術がロシアへ

「同盟の力」作戦中の1999年3月27日に、夜間攻撃を終えて帰投していたF-117が、セルビア・ブダノビッチ近くの上空で撃墜されました。撃墜に使われたのは旧ソ連製の地対空ミサイルS-125ネバ（SA-3“ゴア”）でした。とはいえ、F-117をレーダーで捕らえ、ミサイルを誘導して撃墜したのではなく、「やみくもに発射したら当たった」というもので、F-117のステルス性に問題があったわけではありません。しかし、その残骸はロシアが徹底して調査したので、貴重なステルス技術が伝わってしまったことは確かです。

「同盟の力」作戦中の1999年3月27日に撃墜された第49戦闘航空団のF-117Aの残骸。パイロットは脱出して無事救出された。レーダー探知されての撃墜ではなかったが、多くの残骸がロシアの手に渡り、ロシアは労せずしてステルス技術の一端を入手できた　写真：著者所蔵

5

第5章

アメリカ以外のステルス機

アメリカ以外の国で開発されている
ステルス機について、その概要を解説します。

5-1 アメリカ以外のステルス機の現況は？

独走中のアメリカを中国、ロシアが猛追

今日、アメリカ以外のいくつかの国から、ステルス機の研究や開発に関する情報が出てきています。純粋な研究機ではありますが、**日本のX-2もその1つ**です。ロシアと中国からは、実用化を目指している第5世代戦闘機が出現しており、いずれも、特にレーダー探知に対する高いレベルのステルス性を有していると見られています。ただ、ステルス性や実際に航空機に適用している技術などについては、どの国でも高度な機密扱いとなっており、具体的には何もわかっていません。数少ない写真から推測していくしかないのですが、それらについても、細かなところまで鮮明に見えるものは少なく、情報不足ではあります。

レーダーに対するステルス技術の研究について言えば、**アメリカとそれ以外の国には大きな差があるのが現実**です。研究期間1つとっても、アメリカには長年の積み重ねがあり、ステルスに関する多くの技術を開発してきています。第4章で記したように、多数の戦闘機や爆撃機を開発・実用化しており、あらゆる点でほかの国をリードしていると言えるでしょう。

このリードがどのくらいのもので、また各国が、いつごろ追いつき、追い越せるのかは判然としませんが、レーダーに対するステルス性では、これから記していく**ロシアと中国の第5世代戦闘機がアメリカのF-22やF-35にかなりの差を付けられているのは確実**でしょう。もちろん、戦闘機で重要なのはステルス性だけではありません。しかし、これからの戦闘機にとって、一定レベルのステルス性を備えることは必須になっています。

フライトを終えて岐阜基地に着陸進入するX-2。X-2は実用戦闘機ではないが、X-2の完成により、日本はアメリカ、ロシア、中国に続いて、独自技術でステルス性を有する航空機を開発できる能力がある４番目の国になった。X-2による各種の飛行試験と評価作業は平成30（2019）年度末（3月30日）まで行われる予定で、その後、「この成果などをどのように活用していくか」といった方針が検討されることになっている　写真提供：赤塚 聡

アメリカに続いて第５世代戦闘機を開発したのは、アメリカと同様に「戦闘機大国」のロシアで、スホーイが「T-50」と呼ぶ双発戦闘機を完成させた。そのレベルはまったく不明だが、高いステルス性を念頭に置いて設計されたロシア最初の戦闘機である。写真は開発機３機による編隊飛行だが、開発作業はほぼ完了していて、2016年11月時点で就役間近とみられている
写真提供：スホーイ

5-2 スホーイT-50 ① 概要

兵器類はF-22のように内蔵する

ロシア空軍の前線航空部隊向け将来航空機システム（PAK FA[※1]）計画で、2002年4月にスホーイが開発を開始した戦闘機がT-50です。アメリカのF-22よりひと回り大型ですが、基本的な機体構成はよく似ており、高いステルス性を兼ね備えているようです。

後部胴体の2基のエンジンは間隔を広くとって配置しているので、この部分でも揚力を発生させて、運動性の向上と航続距離の延伸を図っているようです。加えてエンジン排気口は三次元の推力偏向機構を備えており、エンジン空気取り入れ口は左右の主翼前縁付け根の延長部下にあります。延長部には前縁渦流制御機構（LEVCON[※2]）と呼ばれる可動部があり、これらの組み合わせで高い運動性を得ています。尾翼は水平安定板と2枚の垂直安定板の組み合わせで、ともに全遊動式です。

レーダーは新規開発のアクティブ電子走査アレイ（AESA）で、最大探知距離が約400km、同時に32個の空中目標を追跡でき、そのうちの8個との同時交戦能力があるとの情報もあります。このレーダーに加え、赤外線とレーザーの複合システムで、赤外線捜索追跡機能とレーザー測距/目標指示機能を兼ね備えた光学ライン・スキャナー（OLS[※3]）と呼ばれるセンサーも装備します。

試作機のエンジンはイズデリイェ117（AL-42F1）ターボファンで、アフターバーナー使用時推力は147kNですが、量産機では167kNという強力なイズデリイェ30になる予定です。どちらも排気口には三次元の推力偏向機構が付いています。また、5-3でくわ

※1 PAK FA：Perspektivnyi Aviatsionnyi Kompleks Frontovoi Aviatsii
※2 LEVCON：Leading Edge Vortex CONtrollers
※3 OLS：Optical Line Scanner

しく記しますが、常に高いステルス性を維持できるよう、T-50もF-22と同様に、兵器類は胴体に内蔵することを基本にしています。

展示飛行で高い運動性を披露するT-50。後部胴体に間隔をとって大推力エンジンを配置し、その排気口には三次元の推力偏向機構が付いている。量産機のロシア空軍への引き渡しは、2017年にも開始されると言われている　写真提供：スホーイ

大きなドラグシュートを開いて着陸制動を行うT-50の試作2号機。コクピット風防の前方にある小さなふくらみは、102KS-V OLSの収容部である　写真提供：スホーイ

5-3 スホーイT-50 ② センサーと兵器

ステルス目標を探知できる?

T-50の主センサーは、機首内部に搭載されているXバンドのN036-1-0アクティブ電子走査アレイ(AESA)レーダーです。機体の前方象限をカバーし、探知距離などの能力は5-2で記したとおりです。これに加えて**尾部コーン内にも後方捜索・探知用のSバンド・レーダーを収容**していると言われます。また、主翼内翼部の前縁にAESA式のLバンド・レーダーを装備し、ステルス目標の探知能力を有するとも言われていますが、この能力については、2-24で記したように疑問もあります。これらのレーダーの他に、コクピット風防の直前に光学式の探知装置として102KS-V OLSが付いています。

兵器はF-22などと同様に**胴体内兵器倉に収容して搭載するのが基本**で、中央胴体と後部胴体に並べて(左右)配置されている他、空気取り入れ口ダクト部(左右)の側面にもあります。さらに主翼下と胴体下には、計6カ所の多用途パイロン取り付け部があり、Kh-58U(AS-11"キルター")空対地ミサイルなど大型兵器の機外搭載を可能にしています。

5-2で記したように空対空ミサイルは兵器倉内に搭載するのが基本で、アクティブ・レーダー誘導で視程外射程のR-77M(AA-12"アッダー")4発と赤外線誘導で視程内射程のR-73(AA-11"アーチャー")2発というのが標準的な組み合わせです。胴体側面の兵器倉は「R-73空対空ミサイル専用」とも言われていますが、長さが約4.5mあるので、新しい小型の多目的戦術対地攻撃ミサイルKh-38(全長約4.2m)を収容できるとされており、T-50の多用途作戦能力を向上できると考えられています。

T-50は尾部コーン内にも後方捜索・探知用のレーダーを装備する。ただし、写真の機体は試作機で、尖った尾部先端の中には飛行試験用のスピン回復シュートが収められており、後方用レーダーは搭載していない
写真提供：スホーイ

■ T-50の搭載センサーと機体の特徴

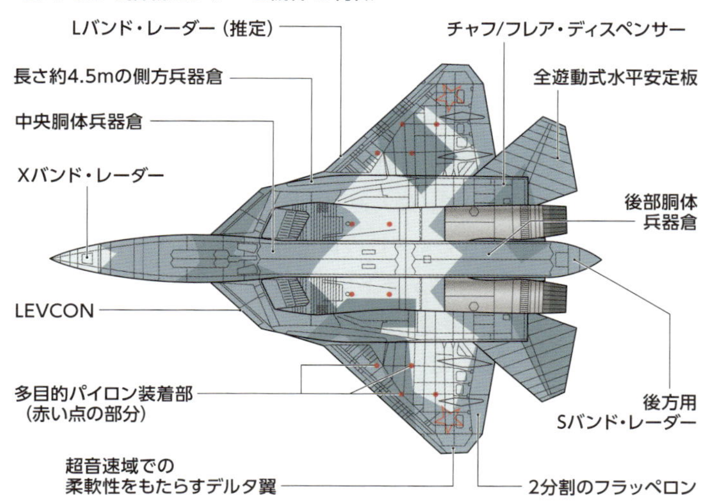

5-4 成都　殲撃20型（J-20）

ステルス性には疑問が残る機体形状

2010年12月20日、タキシング試験中の写真がインターネットで数枚流されたことで存在が知られた双発の大型戦闘機が、成都が開発した殲撃20型（J-20）です。全体が黒く塗られていて、胴体内兵器倉を有することや、パネルの継ぎ目がギザギザになっていることなどステルス性を強く意識した設計になっていると思われることから、中国版第5世代戦闘機などとも言われています。

一方、ステルス性についてはいくつか矛盾があります。1つはカナード翼の装備で、恐らく金属性なのでステルス性にとっては絶対的に不利な要素です。また、外側に傾けた全遊動式の双垂直安定板と、その下にある固定式フィンを組み合わせた尾翼の構成は、側方からのレーダー照射に対してことさら大きなレーダー反射をつくり出しそうです。また、このような大型の双発戦闘機であれば、アメリカのF-22やロシアのT-50のようにマッハ2クラスを狙うのが普通ですが、空気取り入れ口がDSI（1-4参照）形式なので、最大速度はマッハ1.6～1.8になってしまうと思われます（ステルス性の面では利点がありますが）。

レーダーはタイプ1475（KLJ5）アクティブ電子走査アレイ（AESA）レーダーを装備し、電子光学系のセンサーも装備されるようです。エンジンは、Su-27“フランカー”などに使われているロシアのサチュルンAL-31F（177.9kN）で、量産型用として西安で同じ推力クラスのWS-15が開発されていると言われています。初飛行は、2009年9月中旬との情報もありますが、

※1　RCS：Radar Cross Section

2011年1月11日というのが定説です。今後の開発が順調に進めば、2017～19年ごろには実働態勢に入ると見られています。

中国の大型第５世代戦闘機である殲撃20型（J-20）。胴体側面や中央胴体下部に兵器倉扉があり、兵器が内蔵搭載式であることがわかる。機首下面にはF-35のEOTSのものに似たフェアリングが付いている
写真提供：Chinese Internet

斜め前方から見たタキシング中のJ-21。空気取り入れ口は隙間や可動部のないDSI形式で、ステルス性を高められるよう設計されているが、空気取り入れ口ダクト上側のカナード翼や大面積の双垂直安定板、後部胴体下側のベントラルフィンなどは大きなレーダー反射を生み出しそうである
写真提供：Chinese Internet

5-5 瀋陽　殲撃31型（J-31）

コードネームは「鶻鷹（シロハヤブサ）」

2012年9月に地上試験中の写真がインターネットで流れて存在が確認されたのが、**殲撃31型（J-31）**です。初飛行は2012年10月31日で、2014年に珠海で行われたエアショー・チャイナで飛行展示し、その存在が公式に公表されました。J-20と同様に、胴体内兵器倉やギザギザの継ぎ目、DSI形式のエンジン空気取り入れ口など、ステルス性を考慮した設計手法が随所に見受けられます。

双垂直安定板の双発機という機体構成もJ-20と同様ですが、カナード翼はなく、後部胴体下面のフィンもありません。垂直安定板は固定式で、方向舵を持つ通常形式です。双発機ですが機体はJ-20よりかなり小さく、アメリカの**F-35と同クラスの多用**

最終着陸進入を行うJ-31。双発機だが機体規模はF-35にほぼ相当し、将来的には空母搭載の艦上戦闘機に発展していくとも伝えられている

写真提供：Chinese Internet

途戦闘機を目指して開発されていると伝えられています。

エンジンは、FC-1に使用したロシアのクリモフRD-93ターボファン（84.5kN）と見られますが、エンジンをライセンス生産した貴州では改良型のWS-13を開発・製造しており、J-31の試作機もWS-13に換装しているとの指摘もあります。量産化されれば発展型のWS-13Aが使われることになると見られ、推力は最大で100kN近くにまで引き上げることが計画されているとも言われます。

電子機器類については、2014年末の時点ではダミー程度しか搭載していないと思われ、今後開発されていくことになりますが、レーダーはアクティブ電子走査アレイ（AESA）式のものになり、さらにF-35の電子光学目標指示システム（EOTS）のような光学式センサーを装備する可能性が伝えられています。将来的には、海軍が装備する本格空母の主力艦上戦闘機になるとも言われています。

タキシング中のJ-31（試作初号機）。機首のレーダーはAESA式のものが開発中と言われる。さらに電子光学センサーの装備も予定されていると言われるが、写真の機体は試作機であるためか、そのためのフェアリングなどは設けられていない
写真提供：春原建一

5-6 西安 轟炸8型（H-8）

超音速飛行能力を持つ戦略爆撃機か？

中国で開発されていると見られる新爆撃機で、第603研究所と西安航空機が作業を受け持っていることは確かなようです。詳細は不明で、機体名についてもはっきりせず、轟炸20型（H-20）という名称も伝えられています。ただ、中国の爆撃機製造は轟炸6型（H-6）で止まっており、その後、戦闘爆撃機の殲轟7型（JH-7）が開発されたので、順番からすれば轟炸8型（H-8）が妥当です。いずれにせよ中国が新爆撃機を研究しており、B-2のような全翼機になるのではないかとの噂は、20世紀末から出てはいました。今日に至るまで、それに関する確証はないのですが、2016年8月26日に中国国防部が**新しい戦略爆撃機を開発**していることを、複数の国営メディアが報じました。

中国は現在、1960年代に当時のソ連が設計したツポレフTu-16“バジャー”をベースに国内生産したH-6を主力爆撃機として装備しています。巡航ミサイルの搭載能力を追加するなどの近代化改良を加えていますが、旧式機であることは確かで、爆撃機戦力を維持するには新型機の開発が不可欠の状況です。

そこで、高いステルス性を備えた**全翼爆撃機が開発されている**と見られるのです。当然のことながら詳細は不明ですが、ターボファン4発機で、核弾頭の巡航ミサイルなら3発程度、対艦攻撃用のミサイルなら4発程度を搭載するものと見られ、航続距離は5,000km以上と考えられています（10,000kmという推定もあります）。また、B-2にはない**超音速飛行能力**（**最大速度マッハ1.2**）**を有する機体**になるとの情報もあります。就役開始目標は2025年と言われていますが、まだ不確定な要素が極めて多いことは確かです。

中国が開発中とされるH-8の想像図。ただし、機体名称やイラストのような全翼機なのかなどの確たる情報はない。H-8とされる他の想像図では、YF-23のような形式の尾翼を付けたものもある
画像提供：Chinese Internet

中国の新爆撃機とされる画像。後ろの格納庫の横断幕には「轟10初飛行」と書かれているが、轟炸10型（H-10）という機体の存在を裏付ける情報や、ましてやそれが初飛行したなどという情報はまったくなく、CGを使ったフェイク画像と考えられる。ただ中国が新爆撃機の開発を公式に認めたことは確かで、近い将来、姿を現すかもしれない
画像提供：Chinese Internet

《参考文献》

「将来の戦闘機に関する研究開発ビジョン」　（防衛省、2010年）

「先進実証機の初飛行について」　（防衛装備庁、2016年）

「先進技術実証機の開発状況について」　（防衛装備庁、2016年）

Serdar Cardirci, *RF stealth (or low observable) and counter-RF stealth technologies implications of counter-RF stealth solutions for Turkish Air Force*, Naval Postgraduate School, 2009

Konstantinos Zikidis, Alexios Skondras, Charidios Tokas, *Low Observable Principles, Stealth Aircraft and Anti-Stealth Technologies*, Jounal of Computations & Modelling, 2014

Vivek Kapur, *Stealth Technology and its effect on Aerial Warfare*, Institute for Defense Studies & Anslysis, 2014

Paul F. Crickmore and Alison J. Clickmore, *F-117 Nighthawk*, MBI Publishing, 1999

Stan Morse, *Gulf Air War: Debrief*, Aerospace Publishing, 1991

世界の名機シリーズ『B-2スピリット』　青木謙知／著（イカロス出版、2014年）

世界の名機シリーズ『F-22ラプター　増補版』　青木謙知／著（イカロス出版、2012年）

世界の名機シリーズ『F-35ライトニングII　最新版』　青木謙知／著（イカロス出版、2014年）

『戦闘機年鑑2015−2016』　青木謙知／著（イカロス出版、2015年）

月刊『軍事研究』各号　（ジャパン・ミリタリー・レビュー）

月刊『航空ファン』各号　（文林堂）

月刊『Jウイング』各号　（イカロス出版）

※その他、航空自衛隊をはじめとする各機関・各社の資料・ウェブサイトを参考にさせていただきました。

索　引

サイエンス・アイ新書 発刊のことば

science・i

「科学の世紀」の羅針盤

20世紀に生まれた広域ネットワークとコンピュータサイエンスによって、科学技術は目を見張るほど発展し、高度情報化社会が訪れました。いまや科学は私たちの暮らしに身近なものとなり、それなくしては成り立たないほど強い影響力を持っているといえるでしょう。

『サイエンス・アイ新書』は、この「科学の世紀」と呼ぶにふさわしい21世紀の羅針盤を目指して創刊しました。情報通信と科学分野における革新的な発明や発見を誰にでも理解できるように、基本の原理や仕組みのところから図解を交えてわかりやすく解説します。科学技術に関心のある高校生や大学生、社会人にとって、サイエンス・アイ新書は科学的な視点で物事をとらえる機会になるだけでなく、論理的な思考法を学ぶ機会にもなることでしょう。もちろん、宇宙の歴史から生物の遺伝子の働きまで、複雑な自然科学の謎も単純な法則で明快に理解できるようになります。

一般教養を高めることはもちろん、科学の世界へ飛び立つためのガイドとしてサイエンス・アイ新書シリーズを役立てていただければ、それに勝る喜びはありません。21世紀を賢く生きるための科学の力をサイエンス・アイ新書で培っていただけると信じています。

2006年10月

※サイエンス・アイ（Science i）は、21世紀の科学を支える情報（Information）、知識（Intelligence）、革新（Innovation）を表現する「ｉ」からネーミングされています。

サイエンス・アイ新書

SIS-369

http://sciencei.sbcr.jp/

知られざるステルスの技術

現代の航空戦で勝敗の鍵を握る不可視化テクノロジーの秘密

2016年12月25日　初版第1刷発行

著　者　青木謙知

発行者　小川 淳
発行所　SBクリエイティブ株式会社
〒106-0032　東京都港区六本木2-4-5
営業：03(5549)1201
装丁・組版　近藤久博(近藤企画)
印刷・製本　株式会社 シナノ パブリッシング プレス

ISBN 978-4-7973-8255-6

SB Creative